98种小巧轻盈的桌面盆栽

生活追求精致完美如你，怎能忍受生活中没有绿意的点缀！

小小盆栽 • 蕴涵无限美好世界

让我们轻松享有小巧绿意的生活

EASY & HAPPY 品生活

懒人98盆栽

98种小巧轻盈的桌面盆栽

[日]井田洋介 著
秦晓 译

陕西师范大学出版社

目录
CONTENTS

PART 2 小巧绿盆栽的欣赏方法 45

PART 3 推荐给读者的98种小巧绿意植物 95

前言

当你将小巧得可摊放于手心的植物置于眼前，仔细地观察并感受它的大小和触感时，你可以感觉到大自然的存在。某些特殊的时刻，它比其他任何东西都更能缓解人们的压力，甚至能让我们的心情焕然舒畅、悠闲自在。

虽然人们常误以为小巧绿盆栽只限于使用小型植物品种，但事实上有些小巧绿盆栽也会使用插枝、分株或实生等繁殖方式，培育出大型植物的新芽来栽植。另外，也有一些是会继续长大的植物种类，在平常用来摆设的时候，只要给伸长变大的枝干和新株实施插枝和分株等动作，就能简单繁殖这些植物。利用这种方法也可以像培育迷你盆栽一样，享受悠然自得地种出一盆造型别致且绿意盎然的植物的乐趣。

装饰的时候，也可以将喜爱的容器当作盆器使用，这样就能轻松改变装饰场所的整体感觉，这也正是小巧盆栽的魅力所在，读者不妨多多参考这里所介绍的许多盆器。

井田洋介

Sweet Basil
MINT
THYME
RADISH

Part 1

与小巧绿意一起生活

使用绿盆栽来装饰环境时，相比于植物本身，决定盆栽是否适合该场所的关键因素是盆钵和容器。因为小巧绿盆栽的植株较小，所以容易倾向于选用较小的盆钵，而忽视了其他的部分，不过选择适合置放场所的盆钵或容器是非常重要的。

你可根据自己的喜好挑选容器作为盆钵，试着给房间内的氛围带来变化。挑选盆钵与花器的秘诀在于，使用已浸染时间痕迹的怀旧器具或古董艺术品。它们能融入所有的空间当中，带来意想不到的神奇效果。

相较于大型植物，小巧盆栽的最大魅力在于它可以轻松移动。白天将其置于适合该植物的环境中培育生长，到了夜晚则可拿到餐厅或是小茶几、架子上头，随心所欲地移往喜好的地点，好好地装饰点缀一番。虽然小巧绿盆栽可以轻松移动，但如果在一个房间里摆放许多各式各样的盆栽，效果反而不好，会使房间失去整体的平衡感。所以，要先摆设大型的植物以取得房间的整体平衡，再将小巧绿盆栽摆在桌面或架子上点缀来强调重点。

与绿意共度的时光

走进绿色盆栽摆设得恰到好处的房间里时，不但可以让紧张的精神放松下来，心情也会变得安适自在，这或许就是小巧绿盆栽所带来的效果，让人能够近距离地接触到大自然的缘故吧。在繁忙的日常生活中放松心情，聆听自己喜爱的音乐、看看书，甚至还可以在房间里悠闲地品茗饮茶。还可以欣赏充满质感的小巧绿盆栽，欣赏的重点在于将它摆放于桌面或是架子等接近眼睛视线的地方。

◀*盆中的植物为栗豆树，又名绿元宝。它是一种会从果实长出强韧新芽的植物，将之种在小盆栽用的容器内，再以藓苔和装饰砂来点缀。*

▶*右图照片为榕树的盆栽。榕树（正榕）应选择枝干极富变化且长有气根的植株，并且适宜选用较厚实的盆栽容器，考虑与粗大枝干间的平衡后再进行摆设装饰。*

▼这盆日本种观音座莲，是近年来非常受欢迎的植物品种。将叶柄的块状部分插入土中即可发芽。此植物极耐阴暗且容易培植，但喜好大量水分，所以种植时，务必注意不能过于干燥。

▲这盆植物包含有实生苗小芽和枝干粗大植株的马拉巴栗，整体呈现出良好的均衡姿态。它的耐阴度与耐旱性都很好，是很容易栽培的植物种类。

◀放在具有古色茶几上的小植物是双色葛郁金。配合淡绿叶子选择使用淡黄色的盆器。在桌子的下方，摆设一盆种有西瓜皮椒草的柿釉壶，一种时间缓缓流逝的感觉自然而然地生发出来。

▶摆在音响旁的小巧绿意是蛤蟆草，它能柔和无机物质，创造出优雅宜人的室内风格。使用的盆器为弥生时代的土器。注意浇水时不要弄湿音响，应该把盆钵移到其他地方再进行浇水的动作。

▼将细长的板凳当作桌子，配合极具现代感的玻璃纤维椅，显得趣味十足。在桌子一端的植物是高约30公分的观音座莲。若是使用大型的盆器种植，观音座莲的植株会逐渐生长壮大，所以将它置放于直径10公分、高度8公分左右的小型盆钵内培育即可。

THE ROOTS

桌面

装饰桌面时，要根据桌子的用途进行区别。餐桌这类家具，选用高度较低且株态集中的植物种类会比较好。因为这样才不会妨碍视线，这毕竟是用餐进食的空间，清洁感也非常重要。

凤尾蕨是一种非常自然且姿态优美的植物。以古色素烧钵（直径10公分×高度6公分）来种植，不论摆放在哪里都十分适合。

▶ 这是抹茶用的茶叶罐。先以大火直接烤过之后再拿来种植。图中已开始生锈的瓶罐、锈蚀的颜色与绿色植物互相映衬。左边植物为咖啡树，右边为多肉植物大和姬。

▼ 在修长的素烧钵（直径7公分×高度12公分）中种植薜荔。因为茎蔓会生长延伸而往下垂，所以要选用有高度的容器。薜荔较适合放在户外日光不直射或室内明亮通风处，避免放在室内高温与阴暗无阳光的地方。

◀ 种在超迷你素烧钵（直径3公分×高度3公分）中的植物是彩纹竹蕉。竹蕉类植物具有耐旱的特性，是容易培育的品种。它喜好阳光，所以最好置放于日照良好的地方。如果要摆设于阴凉遮蔽的地方，则需要保持环境的干燥。

NO BRAND

照片中沿着墙壁以一排浓淡不一的蓝色瓶子来营造变化，瓶子前方的白蜡碟皿内制作了一个盘中庭园。盆栽植物以铁线蕨为主，其他还有蛤蟆草、凤尾蕨、斑叶薜荔、冷水花、婴儿的泪珠（莱姆色）等等。

清凉感

植物摆放在近处往往可以让人感受到舒爽凉意，但也有些植物特别能令人感受到清新凉爽。例如叶片轻薄、在风中摇曳的铁线蕨，拥有明亮叶色的合果芋、葛郁金、凤尾蕨等各类植物。此外，还可以利用培植方法来制造凉意，例如减少叶子的数量，让植株看起来干净利落。而装饰方法也同样能创造舒爽清凉的感觉，使用白色或蓝色的容器或藤篮、竹篮就能够达到这种效果。此外，用水钵来种植也有较佳的效果，植物水族组与水栽植物就是此类的产品。

▲ *原产于日本的白雪凤尾蕨。在石壁和大排水沟的石头缝里经常会看到此类植物的踪迹。明亮的叶片中间带有斑纹，似振翅飞扬的姿态，常被用来跟其他植物一同组合栽种。*

在光线明亮的餐桌上，摆一盆观叶植物的水族缸，正是追求清凉舒爽的夏天最适合用餐的地方了。鲜艳明亮的绿色植物为合果芋，叶片上有银色斑点的是冷水花，前端叶子尖尖的则是会开白色花朵的白鹤芋。

镜子

在墙面悬挂大片镜子，可以让空间显得很有深度，视觉上也宽敞许多，而且还有使室内变得更加明亮的效果。如果在镜前放一盆植物，会使绿意显得加倍盎然。到了夜晚，若再加上灯光照明，将绿盆栽装饰摆设在镜台前，这种效果则会得到加强，连映照在镜中的容颜看起来也会显得安稳沉静。

◀ *小镜子前面的多肉植物，右边是姬胧月，左边是月影，前方那盆则是胧月。在镜子前方摆三钵小盆栽，看起来就好像有六盆之多。多肉植物要置于日光可直射的地方。如果放在阳光无法照射的室内场所，就注意不要浇水。*

▶ *镜台前方的植物是羽裂蔓绿绒。既耐旱性又耐阴性，是非常容易培植的植物种类。栽种的盆钵是豆盆栽专用的小钵，已经培植大约五年左右，植株的大小放在镜台前也不会造成妨碍。*

照明

将房内的整体光线调暗，再打开室内的部分照明，就能营造出房间的深度，使房间看起来气氛十足。你也可以试着用探照灯来投照植物，植物影子映在墙壁与天花板上时，能创造出意想不到的迷人氛围。找出自己喜欢的照明场所，尽情享受夜晚的盈盈绿意吧！

▲ *打上聚光灯，小巧绿盆栽便会随着角度的不同而发生变化。右上图是从铁线蕨的正后方打上灯光，右下图则是从盆栽的右前方加上光源，而影子投映到墙壁后，使植株整体显得更加盎然丰厚。*

▲将灯光照向植物后方的墙壁面上，让植物的影子看起来分外清晰。图中植物是原产于南非的虎尾兰。它不耐低温，所以气温降到10℃以下，就不要再给它施水了。

和室

用绿色盆栽来装饰卧室时，重点在于视线高度。恰当的摆饰会使我们坐在榻榻米上凝望时，感受到一种柔和美好。挑选盆钵与盆器时，选用和式风格的物品也是重点之一。不要把盆栽直接放在榻榻米上，而是要铺上木板或是布巾后，再将盆栽摆饰于其上。若把适合卧室的植物直接拿来摆在洋式风格的空间，也会呈现出融合的协调之感。

摆饰在床铺边桌的植物，上方为血叶兰，在2～3月间会长出约10公分高的花茎，并开出许多白色花朵。前方的盆栽则是袖珍椰子的实生苗，就像是杂木盆栽的分株一样，在植株基部铺贴藓苔就变成了一盆趣味盎然而又雅致的豆盆栽了。

▲旧和式书桌上的豆盆栽，是原产于南非的狐尾武竹。这种植物耐低温，就算温度降到3℃也能顺利过冬，而且也较耐干旱，是非常容易培育的植物品种。狐尾武竹喜光，所以放在阴暗遮蔽处培育时要注意控制水分。

暖炉板上放置两盆使用高腰角钵种植的小型盆栽。大盆的绿色植物为大叶鹅掌藤，枝干的弯折使植株显得动感十足。小盆的植物则是榕树。墙壁上悬挂了一幅梵字的“不动名王”古版画。铺上这层木板后，可以使两株绿盆栽呈现出凝聚集中的效果。

▼图中右方的植物为绒叶小凤梨。从叶间长出变大的新株最好不要被碰触，否则就会轻飘飘地掉下来。用水苔包覆植株基部后，放入盆钵内就会生根发芽。左边盆栽的植物则是空气凤梨，是可以吊饰在空中养植的植物。若像图中左边置放于盘中，给水时应以喷雾器来补充水分。

▲装饰桌面中心的绿盆栽宜选择小型植株。右方为园艺品种的亮叶朱蕉，喜好阳光，若置于日光未直射的阴凉处，则叶片会无法长出漂亮的红色。左边的植物则是圆盖阴石蕨。因为是常绿的蕨类植物，所以喜爱户外的半阴凉处，但放在室内的明亮场所也未尝不可。

安适的时刻

将令人怀念的物品作为聊天话题所呈现的飨宴。桌面上随意散置了许多可当作聊资的物品，而绿盆栽一定也是闲聊的好题材！

右边的植物为柠檬莱姆蔓绿绒，是新生嫩叶会呈现莱姆色（淡黄绿色）的园艺品种。不宜放在低温与直射光线的场所，所以要确保培植场所的温度需达到10℃以上。左边的植物则是婴儿的泪珠。如同它的名称一样小小叶片会向旁边延伸开来。如果是要造盘中庭园与植物玻璃缸等这类合植植物即扮演了与藓苔相同的角色。前方花器上的苔球种的是挖耳草，因为是食虫植物，所以最好不要放在室内，应置放于户外日照充分的场所，并将水倒入钵盘内，使其从下方吸收水分。

厨房

厨房因为物品庞杂，加上人们出入的通道颇多，所以能用来摆饰绿意的空间非常地有限。装饰摆设植物时，其重点在于不要妨碍到人们平常走动的路线。水槽前方的外凸窗台、餐具架、桌面等地方，随处都能找出小小的空间。餐具架的上方是一个比较不错的选择。而像羽裂蔓绿绒和黄金葛等植物，都可以用来装饰较大的面积以强调重点，而外凸窗台和桌子上方等处则可用较小的植物来装饰点缀。

◀ *置放于水槽前方窗台的植物为黄金葛，是室内植物当中最容易培育的种类，已普遍常被家庭用来做室内植栽装饰。选用的盆器为白色的荞麦面沾酱杯。*

▶ *摆放于厨房角落的小桌子，是早晨简单用餐与置放烹饪物品的便利空间。图中的植物为观音座莲，前方盆中的植物则为婴儿的泪珠。照片中的厨房因为采光较好，所以无论哪种绿色植物应该都能生长得极为良好！*

水的声音

右图中水槽一旁小小的绿盆栽为冷水花，是在阴凉处也可以茁壮生长的植物种类。这里使用的盆钵是小巧可爱的素烧壶，与水龙头的金属质感互相映衬。

◀*竹篱笆围出来的浴室空间。用竹子与西洋风格互相搭配时，会营造出一种优雅的东方情调。这里的植物是轮伞莎草，又名风车草。因为喜好充裕的阳光，所以可置于户外或是可接触到户外空气的地方当作摆饰。*

▶ *浴缸水面上方的植物倒影是茎条细长的莎草。莎草是生长在水边的植物，所以非常适于摆在水边。不论是莎草或是植株较为大型的纸莎草，学名都源于英文单词paper，也就是纸莎草纸的原料。*

▶ *浴室的小小空间里摆了一盆银脉凤尾蕨。此植物喜爱明亮阴凉，所以若将其置于室内阳光不充足之处时，白天应常常拿到户外光线充足的地方摆放。*

▼ *厕所小架子上的盆栽植物为酒瓶兰，这种植物虽然喜爱充足的阳光，但放在阴凉处也能适应。因为酒瓶兰非常耐干旱，所以如果放于阴凉处当作摆设就不要再施水。摆放于日照良好的地方再行给水。*

Rosmarinus officinalis

连接户外的空间

日式房屋的走廊是蕴含先人智慧的便利空间，只要关上外侧的玻璃门，这里就会变成室内的一部分；但打开玻璃门、关上内侧纸门，它又会摇身一变成为户外空间。这里既是夏天傍晚乘凉或是赏月的场所，也可以和比邻而居的人们坐在这里品茗聊天……日式走廊的这种具有多种用途的空间，可说是日本特有的建筑模式。冬天关起玻璃门的走廊，对植物来说如同待在温室一般。在这温室中好好照顾这些植物，或是种种合植盆栽，让这里成为愉快温暖的空间吧！

◀ *在玄关底框旁的竹制装饰架底部，点缀摆放一盆拖鞋兰的盆栽。这种植物原产于喜马拉雅至新几内亚一带，是与竹子极为相称的优良洋兰。*

▶ *放在走廊的盆栽是群落生境式的合植盆栽，在白磁的水盘里配上贴有砂苔的流木。其中的植物有木贼、莎草、水木贼、灯心草、肾蕨，等等。这种盆栽适于摆放在能接触到户外空气的地方来进行欣赏。*

装饰户外空间

在日本当地的5～10月，也许是因为这段期间的气候条件与大多数观叶植物的原产地非常接近，所以通常只要将植物放在户外接受良好日照与微风吹拂，植物就能够生长得生机盎然。如果是置放于玄关走廊等光线较差的地方，就算摆上花朵也会马上枯萎。这时，可以用喜好半阴凉与阴凉处且叶色与形状都很不错的植物，所栽植出来的吊篮盆栽悬挂装饰。在小巧植物当中，有很多品种放在户外培育就会长得欣欣向荣，同时也可长久置于室内。

◀ *炎炎夏日，仅仅是一盆水就能带来凉意，而小巧绿盆栽更可衬托水的清凉舒爽。左边是日本斑叶鸢尾、书带草，苔球上的植物则是兔脚蕨。这些小巧的植物并不适于室内培植，所以要放在户外的空间欣赏。*

▶ *悬挂在屋檐下方的吊篮盆栽。以开有红花的火轮凤梨为中心，还有凤尾蕨、紫背天葵、长叶肾蕨、松叶武竹、球兰、斑叶薜荔、网纹草（阳光绿与阳光红）、小凤梨等许多小巧植物。*

▶ 在植株余根上培养的是日本瓦松的轻石植栽，这是不适于室内培育的植物品种。光线充足且不会淋到雨水的地方是其最佳种植场所。右前方的银叶植物为龙舌兰。

琳琅满目的各式盆器

摆置各种植物时，摆放植物的地方合适与否有决定性的因素。即便植物本身就适合所有摆放的地点，而容器也不会对周围环境造成什么影响，但还是要推荐你选用一些适合该场所且能增加美感的盆器。日常生活所使用的容器，尤具是具有古色的盆器，适合大部分摆放地点，不妨多加尝试看看。这里介绍两种改变容器的绿盆栽。

▼想要尝试赏玩各式各样的容器时，要将植物的植株先放入柔软的塑胶盆内，这样就很容易用来尝试搭配各种盆器。

◀左图的盆器是白磁的奶油空瓶（荷兰的台夫特陶器），白磁的乳白更加突出了铁线蕨的鲜明绿意。我更推荐选择旧容器来当作栽植的盆器。而且，选用旧容器，还可大大地增加欣赏的乐趣。

▶ 这个容器是素烧的小圆壶。素烧的盆器对于哪种场所都很适合。

▼ 把手工制的竹篮当作是铁线蕨的盆钵。竹篮这类自然素材的优点就是置放于任何场所都非常适合，并不需要特意选择装饰的地点。

▶ 这只是将流布放在铁线蕨的盆子前方而已，即使不是像使用容器那样把植物全都放进去，但只要视线方向一致，放在前面或是立起来就会别有情调。

各式各样的盆器

▼原产于九州等地的毛球兰，喜光，是比较容易培育的品种。盆器选用的是附盖的茶碗，碗盖被置放于盆器之上。

◀古时候炊饭用的大锅锅盖。放弃钉子，而是以厚木板作柄组合起来的，同时也是触感良好的手工制品。试着将球兰这盆小巧绿意放在把手之间，这个大锅的锅盖就变成生机盎然的装饰品了。

▼铜制茶壶也可以用来当作植栽的盆钵。因为茶壶的底部很深，所以要倒过来从空壶套入植物以调整高度。像这样的小巧绿色植物，与各式各样的物品都很搭。你也可以试着组合出只属于自己的独创绿意盆栽。

新年

在日本，虽然有各式各样的正式节日，但最重要的还是新年。大家通常是用门松及新年的稻草绳并且供奉年糕及年糕汤等物品来庆祝新年。古时候，正月装饰都是以壁橱和神龛为主，但在壁橱越来越少的现代生活里，已经很难举行正月的庆祝仪式了。其实，只要稍作努力，就能做出壁橱来庆祝。在墙壁前装饰一块暖炉板后，这里就摇身一变成为壁橱了。

▶ *将本书第22页中所介绍的植物，改用来当作新年的装饰吧！大叶鹅掌藤与榕树的盆栽虽是放在暖炉板上，但我们可铺上乳白色的磁砖，并添加金银线绳、黑米稻穗编织而成的小龟。另外，墙壁上的挂轴也试着改成梵字的“大日如来”。*

圣诞节

一提到圣诞树，我们的脑海中通常会浮现出杉树，但只要把平常欣赏的植物加上红色的果实与缎带、圣诞饰品，也可以做成一盆漂亮的圣诞树。

同样是小巧绿盆栽，若像右页图中一样，在陈旧的椅背披挂像红色果实装饰品的八角金盘，和种在白色盆栽钵中的圣诞红。尤其是圣诞红，是圣诞节最具代表性的观叶植物。椅子旁边也摆放了各式各样的多肉植物，更增添了节日的气氛！

▲多肉植物的特叶玉蝶。银色叶子与叶尖形态的变化是它的特征。

▶多肉植物的八千代。带有银色的绿色粗大叶肉前端，会随着冬天的寒冷而变红。

▶ 多肉植物的佛甲草，大多原产于墨西哥。5℃~7℃是培育的最低温度，扦插或是叶插都能轻松地繁殖。

◀ 多肉植物的月影。玫瑰状的叶子会从新株间长出，最适合小巧可爱的合植盆栽。

Part 2

小巧绿盆栽的欣赏方法

蔓绿榕等较大型植物在前一段时间非常受欢迎，不过，现在大家开始将目光转移到小巧盆栽、合植盆栽等能轻松享受栽植乐趣的小型植物上。在这个章节里，我们将会陆续介绍初学者一个人就能马上完成的单株小巧盆栽，包括蘚苔、轻石栽植等许多小巧绿盆栽的做法与新鲜装饰方法。

盆栽制作、装饰方法的关键在于选择一个“让植物置于任何场所都极适合”的良好盆钵或容器，因为仅仅改变盆钵，就可以改变整个空间的风情，让人眼前一亮。

那么，就请你们尽情尝试各种栽植的欣赏方法吧！

1 单株小巧植物的小巧盆栽

对初学者来说，种植小巧绿盆栽的基本功夫，就是使用单株的植物来种植，如以合果芋来制作小巧绿盆栽就很容易。

完成之后，在盆土表面铺上藓苔，这株盎然绿色植物就摇身一变成为姿态优雅的草本盆栽了。

1 准备的用具

合果芋

素烧盆（3.5号）

用土

蛭石5，泥碳土3，赤玉土（小粒）2，防虫网、素烧钵碎片二三片

2 在素烧盆底部铺上防止蛞蝓等虫类进入盆内的防虫网。

3 为防止盆土流失，需要在防虫网上铺设两三片破掉的素烧钵碎片。

4 往上方或旁边摇动植株，将植物从塑胶盆中取出。或是，用手轻按塑胶盆侧边或底部，即可轻松取出植株。

5 清理植株的泥土，再把合果芋的植株分为两到三等份。

6 将已分株的根部土壤清理干净，只留下少许原本的土壤。

7 先将用土混匀，并在素烧钵底填入2公分～3公分高的盆土。

8 尽量将植株垂直种入盆中，再把剩余的用土填入定植，钵缘需预留约2公分～3公分的容水空间，以免浇水时水从盆缘溢出。

9 用手指按压，使植株可以稳固植于盆土中。完成定植的程序后，要充分给水至水分从盆底流出为止。

2 用小巧植物栽植的小巧绿盆栽

就如同“琳琅满目的各式盆器”中所介绍的，仅用单一种类的植物也可以通过更换盆器来彻底改变环境的气氛。如果使用具有一定历史的良好盆器，更能衬托盆栽，使盆栽显得迷人且味道十足。而此处的另一个重点，在把藓苔铺于盆栽表土之上。

1 准备的用具

酒瓶兰

砂苔、白色砂砾、盆栽用钵、铁丝（铝制）适量

用土

蛭石5，泥碳苔3，赤玉土（小粒）适量，防虫网2片，剪刀，立叶蔓绿绒的盆栽用钵

2 在定植之前，要先在盆钵内找两个地方插好铁丝。再将酒瓶兰根系黏附的土壤清理干净，接着放入赤玉土至植株基部露出土表约三分之二高度，确实定植。

3 用铁丝缠住植株基部予以固定，然后持续倒入赤玉土至植株基部露出土表上约二分之一高度。

4 用剪刀将砂苔的根与沾附的土团修剪削薄。

5 将已削薄的砂苔浸入水中，使其充分吸收水分。

6 把浸过水的砂苔铺贴在植株基部左右两旁，并且可以设计一下配置图案。

7 用白色砂砾仔细地填补砂苔之间的空隙。

8 从盆钵上方看砂苔、白色砂砾与赤玉土的设计样貌。

9 就算是立叶蔓绿绒，只要改变栽植的盆器，也能立即营造出盆栽风格。另外，在盆钵表土加上少许赤玉土的话，盆栽会更加美丽迷人。

用水苔将植物包起来 苔球栽植

提到苔球栽植，我不禁想起夏天“兔脚蕨吊盆”像风铃般的景象，孩提时代的种种景象浮现于眼前。组合各种不同大小的苔球栽植，并使用许多展示台，就能表现不同的氛围与感觉。

种植苔球时，关键是使用绵线缠绕让苔球不致散落，每个人都可以轻松完成这项栽植。

◀组合两种以上的植物时，可将苔球种成不同大小制造植物的高低距离。种在高腰盆器上右侧的苔球，植物为铁线蕨与斑叶书带草。左侧种在玻璃盆的是圆盖阴石蕨的基球栽植。在苔球底部旁摆几颗玻璃珠，营造出流水般的景致。

◀从玻璃圆桌上方欣赏苔球栽植。在木盆中，放有圆盖阴石蕨与瓦片中的斑叶薜荔、书带草的苔球栽植造成高低落差。圆石看起来仿佛从瓦片洒落一样，但其实是用来支撑瓦片的。

1 准备的用具

酒瓶兰

铁线蕨、山苔、水苔、黑色黏土、

绵线（黑色）、剪刀

2 将植物从塑胶盆中取出，清除掉一些多余的盆土，以包握寿司的方式把盆土握圆，注意不要伤到植物根部。

3 将黑色黏土铺在手中，再把铁线蕨放在上面裹覆黑色黏土。这种黑色黏土可以防止植株根部干燥。

4 同样以包握寿司的方式，将稍微拧干的湿水苔覆在黑色黏土包好的植株外层。

5 水苔包裹完成后，最后再裹上一层青苔，同样也以包握寿司的要领来裹覆菁苔。

6 完成包覆青苔的苔球表面再缠上黑色绵线。首先，用大拇指确实压住绵线的前端，再以画“8”字的方式缠住苔球。完成后，再把绵线塞入植株下方将其固定。

植物的管理

置放场所

无需选择特别的场所，但需根据植物的种类与特征来改变日照条件。

给 水

将整个苔球浸入桶中吸水，或是从底盆浸水。

肥 料

约七到十天施用一次稀释的液肥。

将自然素材挖出孔穴当作盆器使用 轻石栽植

将轻石挖孔所制造而成的盆器，可突出植物美感并给人鲜活的感觉。此外，轻石的盆器还能用合植的感觉处理植物的部分。

轻石栽植的周围放了各种大大小小的圆石，再以砖块做台座，而石头的软硬程度也带来与轻石间的整体感。这里使用的植物为马拉巴栗、冷水花、绿叶与斑叶的常春藤。

1 准备的用具

马拉巴栗、冷水花、常春藤（斑叶、绿叶）

用土

赤玉土（中粒）5，腐叶土3，蛭石2，轻石盆钵、防虫网

植物的管理

置放场所

从日照良好的地方到室内半日阴遮蔽处均可，无需选择特定场所。

肥 料

为避免让植株变大，所以不用施肥。如果要施肥，大约是每个月施一次液肥。

给 水

除水边植物外，其余均应早晨浇水。如在室内，则应在表土呈干燥状态时再进行给水。

移植换盆

植株变大，或叶尖开始枯萎、根系纠结时，即可进行移植换盆的作业。

2 把防虫网铺在轻石孔穴底部。

3 根据主树马拉巴栗的植株高度来调整盆土用量。

4 从盆中取出马拉巴栗的植株并去除少许土壤，调整至整体比例平衡后再种入定植。

5 取出冷水花去除约2/3的盆土。冷水花是用来陪衬种植，所以要配合马拉巴栗并予调整定植。如果冷水花的植株太大，可以先行分株后再种于2～3个地方，使整体的气氛显得细腻雅致。

6 冷水花定植后，再补上少许用土来稳固植株。

7 最后从盆中取出斑叶和绿叶两种常春藤，抖落1/3的盆土，沿着钵缘逐次定植。并且在植株与盆钵间补土，再充分浇水至钵底流出干净水分，即完成轻石植栽。

各式各样的轻石栽植

▼ *像小竹林景象的红凤凰竹轻石栽植。植株基部铺设的是河砂。图中这盆轻石栽植的台座是混有伊势石（中粒）与锈砂的白磁水盘。*

▲ *这是修剪下来的大片蒲葵叶和蔓绿绒、钮扣藤等明亮植物种成的轻石植栽，为突出其自然的美感，故将钮扣藤下垂披覆于轻石上。*

▲ *已从茎秆长出气根的榕树轻石栽植。在植株基部配上青苔，并用旧磁砖当台座，更加增添其厚实稳重的感觉。在容易显得冰冷无机质的厨房场所，摆上轻石植栽尤其会成为清爽宜人的重点。*

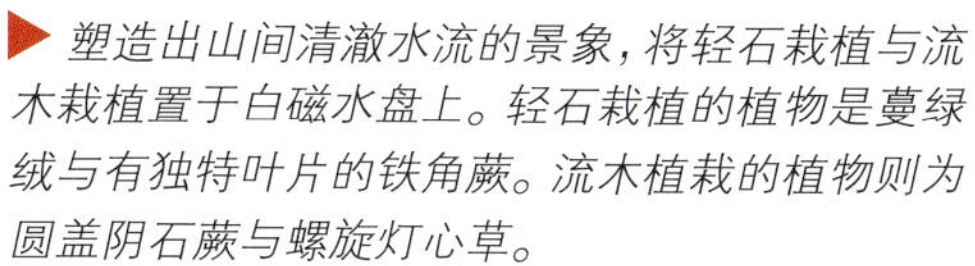

▶塑造出山间清澈水流的景象，将轻石栽植与流木栽植置于白磁水盘上。轻石栽植的植物是蔓绿绒与有独特叶片的铁角蕨。流木植栽的植物则为圆盖阴石蕨与螺旋灯心草。

▼使用多肉植物的白银之舞与佛甲草类植物组合而成的轻石群植。清晰地映照出这些多肉植物，各自拥有的独特叶色与叶形、质感。

5 将植物合植于盘子里 盘中庭园

盘中庭园，顾名思义，指的是栽植于盘皿上（dish）的庭园，也就是将植物合植在没有排水孔穴、开敞平坦的器皿之上。盘中庭园的最大魅力在于它能够轻松移往任何地点，但仍需在室内明亮地点栽植。

此类盘栽无排水孔，所以要根据每种植物的具体情况少量浇水。并使用细长木棒插入钵土中检查，如果盆土仍是潮湿状态，就不需要进行给水作业；如果盆土已经干掉，用喷雾器进行喷雾给水即可。另外，浇水过量时，就需要倾斜盘面将水倒出。

1 准备的用具

冷水花、凤尾蕨、斑叶薜荔、蛤蟆草、婴儿的泪珠（莱姆色）、铁线蕨、砂苔

用土

蛭石5，泥碳苔3，赤玉土（小粒）2，硅酸盐白土（防止根部腐烂的用剂）、发泡炼石、大型盘皿

2 首先，在盘内均匀铺上可防止根部腐烂的硅酸盐白土。

3 在定植之前，先根据各丛植株的大小与前后的平衡予以排列配置，了解盆栽完成后的感觉。

4 将用土铺设于硅酸盐白土上方。从盆中取出各丛植株，抖落掉1/3～1/2的盆土，整理枝叶或分株，以调整各植株的比例平衡。

5 从大型植株开始进行定植作业，浇水弄湿盆栽中心的铁线蕨根系，使其牢固稳定。

6 以同样的方式，边将凤尾蕨等较高的植株从面前、左右开始进行定植，随时注意观察比例是否平衡。

7 接着，将蛤蟆草、斑叶薜荔、冷水花等植物分株后，按照前述顺序完成定植。

8 最后再将莱姆色婴儿泪珠予以定植，因为根系容易伸蹿，所以要在用土表面贴上砂苔。

9 以竹筷插几个孔穴，采修剪下来的蛤蟆草叶片，提前进行扦插作业（5～10月），使其确实发根。

在透明容器中填入多彩土 水栽植物与砂画艺术

除植物外，我们也可以同时欣赏盆土的土层。如果使用色彩缤纷的土砂，虽然乍见之下显得醒目、色彩缤纷又鲜艳，但很容易腻，令人无法沉静，所以应该选择自然色系的土砂。

◀ 容器中的植物是长有大叶的龟背芋苗株，以及中斑吊兰与疏叶卷柏。植株与透映在玻璃容器的用土形样，成为白色磁砖的小巧空间中最醒目的焦点。最适合一边泡热水澡，一边不经意地远眺。（制作方法请参考下文）

▶ 种在圆形玻璃容器中的冷水花。将白色贝壳置于一旁，营造海边的感觉。盆土选用发泡炼石与蛭石。

1 准备的用具

龟背芋、中斑吊兰、疏叶卷柏

定植用土

发泡炼石（中粒）、富士砂（粗粒）、硅酸盐白土（防根腐的用剂）

创造图案用土

发泡炼石（小粒）、富士砂（细粒）、蛭石、透明容器、汤匙、竹筷

2 在容器底部铺上约2厘米厚的硅酸白盐土盖住钵底，再盖上粗粒富士砂以遮住下层的硅酸白盐土。

3 然后倒入细粒富士砂遮住粗粒富士砂，然后沿着玻璃容器侧边撒上细粒富士砂，再铺上小粒发泡炼石覆住细粒富士砂，以此堆积出多层的图案。但注意盆钵中央要预留空间不要填土。

4 在盆钵中央装入定植用的中粒发泡炼石，注意不要弄垮四周所堆积的图案。

5 接着在小粒发泡炼石的上方再次铺设蛭石，堆积出图案。

6 沿着玻璃容器表面填入细粒富士砂，再用小粒发泡炼石和蛭石堆叠出倾斜的图层。中央放入中粒的发泡炼石，注意不要破坏堆叠出来的砂土图案。

7 从盆中将龟背芋取出，定植在盆钵中央部位。此时，因定植用的土壤并不相同，所以要用水清洗植株根系土团，等完全洗净后再进行定植作业。

8 一边调整植株整体的平衡感，一边沿着玻璃容器表面倒入小粒发泡炼石、蛭石、细粒富士砂，并堆叠图案。

9 从盆中取出中斑吊兰，并抖落根系土团，用水清洗干净。同时去除整理受损的叶片与根系。

10 用竹筷之类的工具挖出种植用的洞，调整植株平衡后，先种入中斑吊兰。疏叶卷柏也采用同样方式，清洗干净后再行定植。

11 完成定植后，在植株与盆土表面空隙间填入中粒的发泡炼石，最后铺上细粒富士砂与小粒发泡炼石完成修饰。

12 从盆土表面慢慢均匀浇水，水位深度约为盆土的1/5。水倒入盆中，用土的颜色会因湿润而变浓，因此就可确定水位的高度了。

植物的管理

置放场所

最适合的位置是蕾丝窗帘旁光线透入的地方。若置于光线强烈的地方，玻璃表面容易长出青苔。

给 水

水位维持在盆中用土的1/5以下。

肥 料

为避免使植株长大，所以无需施肥，但如果想要施肥，频率为每个月浇一次稀释液肥。

移 植

当容器内部长出青苔或植物枝叶过于繁茂时，即可进行移植作业。

水中的植物园 植物水族缸

植物水族缸是指在水槽等容器中栽植水中植物。而这类盆栽以玻璃或亚克力等大型透明容器最合适。如果容器太小，水缸里的水水容易变质，缸中的植物也会很快腐烂。另外，为了防止水温增高与增生藻类，必须将植物水族缸放在能避免日光直射明亮的室内环境。

1 准备的用具

白蝶合果芋、冷水花（斑叶）、白鹤芋

用土

发泡炼石，化妆砂（伊势锈砂砂砾+樱川），硅酸盐白土（防根腐的用剂），透明广口玻璃缸，装饰用贝壳（3～4个）、剪刀、细长棒子等

2 在缸底铺上1～2公分高清洗干净的硅酸盐白土。

3 硅酸盐白土上方同样铺填3～4公分高且已经洗净的发泡炼石。

4 将三种植物的根土清除掉，用水清洗。已经操作的根系与叶子，也要先行拔除洗净。

5 如果根系很长或庞芜杂乱，可切掉1/3根系并进行分株作业。

6 先种盆栽重点的合果芋。用棒子挖个洞，将根系埋入土里，压实盆土表面安定植株。

7 注意植株比例的平衡，并按相同步骤将冷水花和白鹤芋等植物依大小定植。

给水管理

植物需1～2个月才能适应水缸，这段期间为免水缸发臭，必须用杓子来替换水缸里的水。

植物水族缸完成后，理想的倒水方式是：刚开始倒入容器约1/3，一两周后再倒1/3，再过一两周后再倒进其余的1/3，这样让植物逐渐适应水缸，才是最好的方法。

8 当定植作业结束后，填入化妆砂。铺设化妆砂是为避免发泡炼石在加水时会往上飘浮。

9 平整化妆砂表面，化妆砂要全面盖住发泡炼石。

10 检查植物比例是否平衡，再用棒子拨拢用土，轻轻压实盆土表面。

11 为创造出海底景象，在化妆石上摆一两个贝壳，并倒入水。

12 倒水时，不要一次倒满，要分成3～5次，以每次倒一点的方式加水，让植物慢慢适应水分。

8 玻璃中的绿意小宇宙 植物的玻璃缸

植物玻璃缸是指在透明容器内种植各种植物展现迷你风光的小庭园。对原生于热带至亚热带的观叶植物来说，植物玻璃缸是一个非常快活舒适的栽植环境。此外，玻璃缸具有保温的特性，所以必须减少给水的次数。

1 准备的用具

亮叶朱蕉、铁线蕨、凤尾蕨、椒草、婴儿的泪珠（莱姆色）

用土

蛭石5、泥炭土3、赤玉土（小粒）2，硅酸盐白土（防根腐的用剂）

广口玻璃容器、树皮、流木、纸筒、附汤匙的细长棒子、绵棒等等

2 在容器底部均匀铺上硅酸盐白土，填入深度约2～3公分高的盆土。如果用纸筒的话，就能在不弄脏容器内侧的情况下即完成作业。

3 想像栽植完成后的姿态，先行配置平衡植株株态。开始定植作业时，可先用汤匙在盆土上挖出种植用的洞穴。

4 将植株的根团抖落约1/3～1/2。从盆栽中心点的铁线蕨开始栽植，并用细棒压实植株基部使植物稳定，再用汤匙拨拢用土。

5 接着以相同的要领，种入亮叶朱蕉后放上流木，再视盆栽整体平衡进行小型植株的定植作业。用细棒压实植株基部以稳定植株。

6 结束定植作业后，用纸筒倒入树皮来遮盖盆土露出的部分。

7 给水时，可使用水壶或喷雾器来渐次少量洗去沾附在容器内侧或是叶面的盆土。水量的标准约为用土的2/3。

8 注意观察玻璃缸的景观约2～3分钟，如果盆土没有全部被水浸湿，就可以再浇一些水。然后用绵棒拭净容器内侧的脏污。

植物的管理

置放场所

置于室内阳光不会直接照射的地方，因为玻璃缸如果受到强烈阳光直射，容器内部会变得闷热，伤害到植株并破坏水质。

肥 料

为了避免植株长大，因而无需施肥。

9 水与光的共生风景 群落生境

所谓“群落生境”，指的是生物在自然经营的环境中共生的姿态。就如同雨水滋润大地，然后成为河流注入大海盈满为洋，蒸发为云，之后凝结成雨滴，倾注大地，然后，草木皆生、鸟虫飞来，许多动物与鱼群渐渐迁入居住……创造出相互共生活存的自然景像，也是欣赏植物的方法之一。

1 准备的用具

木贼、水木贼、肾蕨、莎草、螺旋灯心草、砂苔

用土

发泡炼石，化妆砂，硅酸盐白土（防根腐的用剂），四角白磁水盘、流木、竹炭

2 在白磁水盘上均匀地铺上一层硅酸白盐土。
3 倒入 2～3 公分高的发泡炼石当作栽植用土。
4 将流木置于白磁水盘的对角线上。
5 把竹炭放置于流木旁边，从大型植株开始排列。在发泡炼石上挖洞，将种在盆子里的木贼直接放入水盘里。
6 以相同方法，将盆子里的莎草（中）和水木贼（右）排列置放，要注意整体比例的均衡。
7 肾蕨与灯心草也是连盆直接排列，使盆口如同装满发泡炼石一样。
8 接着在盆土表面充分给水，并且用水洗净砂苔，然后再依大小铺在流木上面。
9 最后修饰时，以免发泡炼石浮起，必须将化妆砂均匀地铺在水盘上面，然后加水至表面为止。

漂浮在空中的盎然绿意 吊篮盆栽

在铁丝做成的篮子内使用水苔与用土来栽种植物，既可以将其悬挂于空中，还可以吊挂在墙壁上，此外还有很多种欣赏方法。吊篮盆栽的特点在于除了可将植物种在上面外，也能种在侧边。吊篮会随着植物的生长而逐渐被枝叶埋没，就好像植物飘浮在空中，给人一种豪华灿烂的感觉。

1 准备的用具

从上方左边开始为火轮凤梨、紫背天葵、红网纹草、凤尾蕨、长叶肾蕨；从下方左边开始为斑叶薜荔、松窠武竹、缘网纹草、小凤梨、球兰

用土

蛭石4，泥碳苔3，赤玉主（小粒）3、水苔、基肥、直径5公分的六角形铁丝网、吊挂用铁丝、6～7号盆钵、起子、剪刀

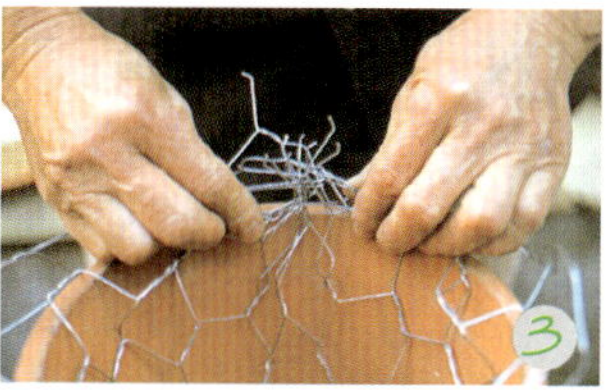

2 以铁丝网将6～7号盆钵内全面覆入，弯折出半球状的篮子形状。

3 折出半球状的篮形后，利用盆的边缘把铁丝网切口折向盆钵内侧，并确实绑紧。

4 将铁丝网直接放入盆钵内，并保持不要滑动，用拧干湿润的水苔平均铺在底部与侧边。因为侧边容易损坏，所以可以铺多一点。

5 仔细压实铺在侧边的水苔，完成植体制作之后，再填入六至七分满在混有基肥的盆植用土。

6 将盆钵中的铁丝网取出，从下方开始依序种入植物，并在1/2侧面用手指挖出栽植用穴。将斑叶薜荔的根土抖落1/2，分成较小植株后再行定植，接着填入水苔稳定植株。

7 以剪刀剪开水苔的栽植方式更容易。同样从下方开始依次种入绿网纹草与红网纹草、长叶肾蕨、松叶武竹、球兰、小凤梨等植物，注意植株比例要平衡。

8 最后在顶端部位种凤尾蕨与火轮凤梨，并填九分满的土。

9 切除多余的水苔，在整体平衡的前提下，修剪植株外形。从上方三处穿过铁丝后即成吊篮盆栽。

11 用多肉植物描绘的立体画 壁挂植物画

所谓“壁挂植物画”，是把植物当作颜料进行栽植的鲜活壁挂画。尤其是多肉植物，因可在壁挂画框上持续生长，故能将其群聚的美感、叶色的微妙差异与独特的质感、复杂的图案等特色发挥得淋漓尽致，最近织锦花园（注：指用多肉植物栽种图案丰富的大型织锦毛毯式花园），此类多肉植物的特殊栽种也受到大众的普遍欢迎。

石莲类　灯笼草类　佛甲草类

以多肉植物的石莲类为中心，左上是灯笼草类，下方是佛甲草类的栽植设计。鲜艳的绿色蔓草把别致的多肉植物壁挂画衬托得更加醒目耀眼。

1 准备的用具

多肉植物（石莲类、灯笼草类、佛甲草类）

用土

泥碳苔3，赤玉土（小粒）3，河砂3，硅酸盐白土（中粒）1，水苔、基肥（长效化学合成基肥）

厚度约1公分的木板（事先挖好自己喜欢的孔洞）、防水合板、铁丝网（要比圆孔大上2～3倍）、木制螺丝、螺丝起子、竹筷

2 把木板翻到背面，并与铁丝网一起放在盆钵上。用螺丝起子的把手轻轻敲击，从木板背面沿着洞缘将铁丝网压出木板的正面。

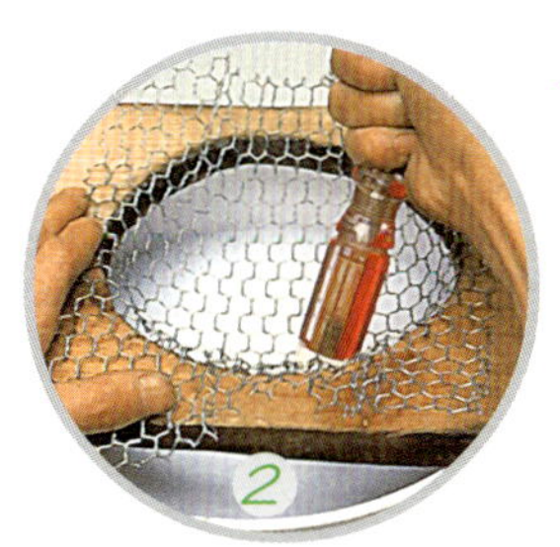

3 a.让铁丝网高出木板正面约2～3公分，再把铁丝网沿着板子弯折到内侧去。

b.接下来的制作方法与栽植吊篮相同，将浸湿后拧干的水苔铺在铁丝网上，铺满已加有基肥的用土，再用手夯实土壤。

c.接着在木板的背面叠上防水合板，并在8～9个地方锁上螺丝确实固定。铁网表面（植物定植处）中心部位的培养土因被按压过会向外扩张，所以要以手心轻拍，使表面盆土保持稳定。

4 a.接着从壁画中心的石莲植物开始种起，用竹筷挖出小孔，将其插入土中，但要注意不要压折植株。接着覆拢栽植孔穴周旁的盆土，再以竹筷捣实土壤以安定植株。若将其集中栽植，看起来就会显得清爽干净。

b.植物壁挂画的栽植秘诀在于集中种植植物，不忽略色彩变化并能够保持均衡。

c.栽植多肉植物时，若能集中起来把空间种满，看起来就会绿意盎然、美不胜收。

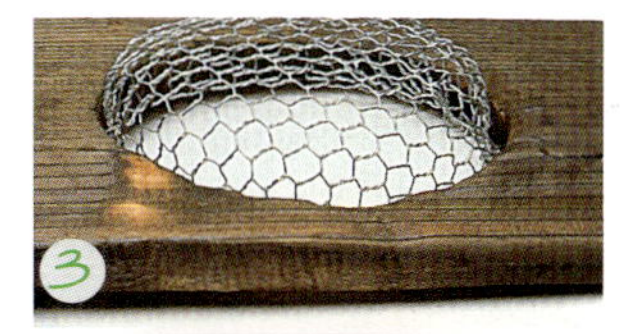

多肉植物的装饰场所

能耐干燥的植物。从春天到秋天这段期间，放在屋檐避雨的半阴凉处，或是半日照的地方当作摆饰。

冬天可放在室内且通风良好、日光充足的场所栽植。至于施肥，可于春秋生长期，约每十天左右施一次稀释液肥即可。

与小巧绿盆栽一同生活的基础知识

植物的选择方法

什么时间购买比较好?

虽然市面上全年都可以看到植物的贩售，但在日本的最佳购买时间是5~9月。因为这段时间气候与原产地环境相似，所以植物可以快速适应环境，并且能够轻松度过严寒的冬天。尤其，有许多植物原产地是热带至亚热带等地，日本5~9月这段期间与植物原产地气候较相近，也是最能茁壮生长的时期。

怎样挑选健康的植物

如果购买的植株强壮健康，种植后的打理与培育也会变得轻松。当植物出现疾病与虫害时，注意不要影响其他植物。所以购买时一定仔细确认以下重点：

- *植株整体都显得生机盎然。*
- *选择叶色带有明亮光泽，且叶与叶、节与节间有许多间隙的植株。*
- *避免购买已经出现病虫害或是叶子周围开始变黑的植株。*
- *避免选择表面与钵穴内根系过长的植株。*

用土的各类与使用方法

如果将植物种在容器中，就必须选用可以让植物良好吸收水分与肥料且根系可充分生长的土壤。最佳的用土应具有含水性、保肥力和弹力性。但单一种类的土壤没有办法完全满足上述的条件，所以我们要调配混合数种用土来制成培养土。

适合植物的用土

赤玉土

基本无肥料成分，但排水性与含水性均佳，也较少杂菌，所以通常被用作为培养土的基本成分，很适合做扦插的用土。

泥碳苔

由水苔与蕨类等水生植物长年堆积而成，为有机质的酸性用土。可用碱性的苦土石灰或是使用酸度调整品来进行中和。

腐叶土

将榉木与栎树等落叶阔叶林的叶子腐烂磨细制成的土壤，混入赤玉土、鹿沼土等其他用土一并使用，具有通气良好与含水性能佳的特点。

蛭石

将蛭石高温加热后所制成的轻石，含水性与排水性均佳，甚至还可以使土壤具有弹力性。因为干净又无菌，所以很适合作为扦插与播种时使用的土壤。

水苔

经常被用于观赏凤梨类与兰类植物的吊篮定植。使用的时候要充分浸水拧干后再铺贴于盆栽之中。因为水苔大约两年后含水性能会下降，必须再次重新铺贴。

发泡炼石

水栽植物的用土。这是用高温加热页岩而使其中产生气洞，以供给植物根部空气与水分。

硅酸盐白土

其主要作用并非用于栽植的土壤，而是防止根系腐烂。当植物种在植物玻璃皿与盘中庭园等这类没有排水孔的容器中时，就可以将硅酸盐白土放在容器底部，就可以防止根系腐烂、水质腐败。

培养土

市面上虽有数种用土混合而成的培养土出售，但如果只单单标示为“培养土”，使用时应将其视为“草花植物用”。

本书列出的培养土多以蛭石5、泥碳苔3、赤玉土2的比例调配土使用，但如果将蛭石与赤玉土的比例互换也没有关系。

如果将不耐寒的植物放在户外或是玄关、日夜温差极大的窗边等处，植株就会枯萎，将植物放在蕾丝窗帘旁可以透入光线的地方，就能让植株生长良好。所以，将植物置于最适合的场所培育栽种，就能美化整个房间。

许多植物原产于热带至亚热带等区域，所以初夏至秋天期间，生长情况会很良好。不过，这些植物有些无法耐受严寒的冬天，所以冬天照护与过冬场所的选择就显得尤为重要。

初夏到秋天要置于户外接受阳光照射，秋末后就要尽早移入室内，置于蕾丝窗帘旁光线至少会透入3~4小时，或是半日照的地方。

夏天是植物的生长期，此时叶子的伸展会大一圈。而且，这段时间也是植株冬天受到损伤后回复与移植、分株、扦插的绝佳时机。

✪ 梅雨季节

在生长期这段时间，植物若持续放在室内会导致光线不足，所以要移往窗边明亮且通风良好的地方。如果是喜好光线的植物种类，就必须放在户外通风良好且不会淋到雨的半阴暗遮蔽处。

✪ 盛夏

梅雨季节结束后，日照会变强，若短时间内受到强烈阳光照射，也会造成叶烧现象，所以要从半阴暗遮蔽处渐次移往明亮遮蔽处，使植物慢慢适应光线。

因为植物不耐寒，所以要注意保护植物不受严寒影响。

✪ 保温要诀

如果是易受外面空气影响的玻璃门或是窗户旁边，应挂上厚窗帘，或是关上窗外遮雨板，以防止室内温暖的空气流失到户外去。同样是放在室内，较之地面，越接近天花板的地方会越温暖，所以不耐寒冷的植物可摆放在架子上方。

另外，如果无法保持在过冬的最低温度之上，可将盆栽置于纸箱或是发泡隔热材质箱内。也可以再覆盖塑胶袋，保持在最低温度以上。

✪ 保湿要诀

若受到暖气的热气或暖风直接吹拂，植物也会因失去水分而衰弱。因此，暖气房中因为空气特别干燥，所以要经常向植物叶群间喷雾给水，使植物周围能够保持一定的湿度。

给水的方法

植物在生长旺盛的初夏至秋天这段期间，极需要大量的水分，所以常会造成盆土干燥。当盆土表面干松时，就必须充分给水。但时间不同给水状况也有所不同，5～9月要充分给水，但10月～次年4月就必须控制水分。特别是在寒冬时节，给水次数应减少到最低限度。

给水的重点

全年性的给水基本要领是:“当盆土表面变白且土壤干松时即可给水。”

- *即使是在冬天，给水时仍要充分浇水至盆底孔穴流出水来。但冬天因为气温较低，植物的生长活动也会暂时停止，所以见到盆土干松变白后还要等2～3天才能再进行给水。*
- *过度浇水是最伤害植物生长的因素，因为这会使根系无法呼吸，进而导致根部腐烂。*
- *浇水时间应选在上午，尽量不要在夜间给水。尤其是冬天，如果在夜间给水，即会造成盆土结冻而伤害植物根部。*
- *所谓“充分给水，控制水量”指的并不是每次给水分量的多少，而是表示必须详记植物的给水次数。*

盆土过干的时候

当盆土过干，给水无法浸透到盆土内部时，可将盆栽浸入装了水的桶子和洗脸盆当中，水高约盆钵1/4处。

移植换盆的重点

若将植物长时间种在盆钵内，根系就会盘结长满整个盆钵内部，恶化排水与通气的情况，导致植物根部腐烂与生长不良。

所以要在5～9月，植物生育期进行移植换盆的作业，促使植株恢复生气与活力。

移植的时期

5～9月可确保各种生长的重要条件最适合的时期。因为植株在移植换盆之后，需要一段时间来适应新土、恢复生长，所以若在10月之后才进行移植，就会使根系在无法充分生长的情况下，立即进入寒冷时节，这样植株就无法顺利生长发育。

移植换盆的程序

- *准备一个大一号的盆钵，以及与目前盆土相同的用土。*
- *将植株从盆钵中取出。若无法移出盆钵时，可用镊子或是竹片从钵缘插入，将缠绕的根系从盆壁中剥离。*
- *用竹片等工具解开根团，抖落一半以上的土壤，并去除被损伤的根系。如果植株增生，就可以为植株先行分株。*
- *要将枯枝与抽伸过长的枝条先行整修或剪短。*
- *将植株放入大一号的盆钵内，并使用新的盆土来进行定植。若植株已有损伤，就要放在相同大小的盆钵内再次定植。*
- *移植换盆后再对植株充分给水，并置于半阴暗遮蔽处，或是阳光不直射的明亮阴凉处约一周。之后再渐渐移往阳光直射的地点。*

必须进行移植换盆的植株：

与盆钵比例
已经失衡的植株

盆土隆起
根系伸出盆钵之外

植株的叶子毫无生气
盆土表面随时都有积水现象

繁殖的方法

植物的繁殖方法有分株法、扦插法、实生法、压枝法等等，繁殖时期是在5月气温升至15℃以上之后的生长期。虽然繁殖方法会因植物的不同而有所差异，但最适合的作业时间约在7月中旬左右，最迟8月底前要完成。

分株法

盆植的植物约2年就要进行一次移植换盆的作业，舍弃原先的旧盆土，将用土换新。这时，可将根系缠绕的部分用来繁殖子株，只要将根系均等分成数丛后再予以定植即可。

扦插法（芽）

木本植物扦插称为“插枝”、草本植物扦插发根称为“插芽”。两者均称为“扦插法”。

扦插时期

春天发出的新芽会在夏初一度暂时停止生长。这时可进行修剪扦插的作业。切剪枝干时，注意要从旧枝与今年长出枝干的交界处切下，并于梅雨季节结束前后完成扦插。

扦插用土

将木本植物的插枝插种在赤玉土、鹿沼土等土壤中。草本植物因为切口较软，所以要插种在蛭石、赤玉土（小粒）等土壤中。

实生法

当吉野樱花朵飘散的季节到来时，就可以播下种子使其发芽，先移植到塑胶盆内，之后再进行定植。

接枝法

有芽接、切接、剥接等各种需要高度技术与准备的繁殖方法，必须非常熟悉植物的处理才能实施。

高压繁殖：

1 将茎秆此段取为高压用枝条。

2 将茎秆表皮斜切出舌状切口。

3 将湿润水苔夹入切口内，再以潮湿水苔包覆住茎秆周围，注意细枝要先绑上支撑用的小木条。

4 用塑胶布从上方包住，上下方都要用绳子绑紧，以免水苔干掉。

5 下面也要牢牢系住，看到已经长出根系并蹿过塑胶布时，就从发根部位下方切断。

各种肥料与施肥的方法

盆栽植物是在盆钵当中以有限的土壤培育栽植的，所以在恰当时间以恰当的方法给予植物生长必要的养分（肥料）是非常重要的。

✪ 肥料的三大要素

对植物来说，特别需要的成分为氮（N）、磷（P）、钾（K），它们被称为肥料的三大要素。氮肥可使植物叶子生长繁茂；磷肥促使植物顺利开花结果；而钾肥则可让根系生长与植物整体取得平衡。

市售肥料所标示的N：P：K＝8：8：8等数字，是用来表示三大要素所含比例的数字。

✪ 液态肥料与固体肥料

液态肥料虽然见效很快，但其有效期却只能持续一周左右。固体肥料则是当作基肥混合于用土中，或是放在盆土上使用。因为是缓效性的肥料，所以大约1～3个月施肥一次即可。

无机质肥料与有机质肥料

无机质肥料是化学性制造而成的化学肥料（粒状、液状、粉状），通常含有配制均衡的三大肥料要素。有机质肥料则是使用豆粕、骨粉、鸡粪、牛粪等等，成分并非为平均比例，但最适合用来改良用土的土质。

施肥（基肥与追肥）

施肥的时期应在根部活动的5～10月生长期。施肥有施加基肥与追肥两种：基肥是在定植时混在用土当中施加的肥料；追肥则是在植物生长中途所追加施放的液肥与置肥等肥料。

容易使用的肥料

	形状	使用方法	效果
豆粕等等	固体	主要作为追肥使用	每1～2个月进行一次，置放于盆士表面施肥。
化学合成肥料	粒状、锭剂、棒状	追肥使用	每2～3个月进行一次，置放于盆土表面施肥；冬天则完全不施用肥料。
	缓效性粒状	基肥用	混合于用土当中，药效长达6～12个月。
液体肥料	粉末、液体	追肥使用	每7～10天，施用一次500～2000倍稀释液肥来代替浇水；冬天则完全不施用肥料。

病虫、害虫与病虫害的防治

这里介绍的植物虽然绝大部分都是病虫害较少的植物，但如果长期放置在室内或是通风不畅的地方，植物还是会出现病虫害的问题。

主要的原因在于：1. 根系缠绕；2. 高温多湿；3. 干燥；4. 通气不良；5. 害虫飞来或传播等等。

喷洒药剂时的注意事项

虽然种植应尽可能避免喷洒药剂，但如果需要喷洒时，必须注意下列事项：

- *使用手套与口罩。*
- *遵守说明书上的药剂浓度与使用量。*
- *要在清晨或是傍晚喷洒药剂，并避免刮强风、高温、阳光强烈等时间喷洒。*
- *注意不要喷到宠物及其周围。*
- *喷洒完药剂之后，将手部和脸部清洗干净，并记得漱口。*

ANAIK SALAUN ET ANOUK

主要的病虫害与防治去除方法

	病虫名	症状与原因	防治与药剂	容易发病的种类
害虫	蚜虫	寄生于茎叶与生长根部附近，并吸取植物的汁液。会影响植株生长发育，使植株感染病毒。	加水使用的殴杀松杀虫剂、福木松药剂。	单药花、白鹤芋、椒草、莎草。
	贝壳虫	依附在茎、干、叶子背面、叶柄等处吸取植物汁液，使得植株生长状况变弱。此情况易在高温干燥的时候出现。	保持通风良好。用旧牙刷刷掉，或是用湿布擦掉，也能喷洒加水使用的殴杀松杀虫剂。	榕树、孔雀木、观音莲、单药花、吊兰、橡胶树类、鹅掌藤等。
	金凤蝶	6～8月左右会飞来成虫并产卵，其幼虫会食用叶子。	捕杀成虫。喷洒加水使用的殴杀松杀虫剂、福木松药剂。	粉藤类。
疾病	白粉病	在叶子与茎干的地方覆盖白粉。环境潮湿时常会出现此病，主要发生在初夏、秋天等季节。	保持通风良好。喷洒杀菌剂。	秋海棠类、虎耳草。
	斑点病	叶子表面有大大小小的斑点状病斑出现。多在高温多湿的时候发病。	注意不要让雨水淋到。喷洒杀菌剂。	棕榈类、变叶木、龟背芋、棕竹等等。

小巧绿意株态凌乱时的培植整修

Question & Answer

当我们培育小巧绿盆栽3~4年之后，常会出现植株变得过大、叶子开始凋萎，或是植株庞杂溢出盆钵之外等情况，此时我们就应该针对上述的情况进行处理。接下来，我们将会介绍许多植物经常出现的恶化症状，还有如何整理、重新美化栽植的重点。

Q 植株生长变大，已从盆钵边缘溢出！
&
A 将植物分株，使其外型变小且清爽

1. 将植株从盆钵拔出并予以分株

当植株逐渐变高，下方叶片的生长也繁茂庞杂，若情况变得严重，就会从叶尖部位开始变成茶色，甚至盆钵都会挤破。这个时候就可以进行分株作业。从盆缘把小镊子伸入盆中并将根系剥除而取出植株，当根系据满盆内所有空间时，就无法吸收空气与水分。

2. 将植株分成二到三钵

去除根部损伤和腐烂的部分，再将旧土清理干净。然后把一株分为二到三钵的盆栽，并用新土予以定植。如果不想分株的话，可以移植到大一号的盆钵内种植。

▼凤尾蕨

Q 小巧绿盆栽的植物变得太大了！

A 将伸展过长的枝干予以修剪去除

1. 如果伸展得过就将其剪除

当下方叶子开始掉落，枝干显得摇摇晃晃、叶子与茎枝也显得过长且不平衡时，可从枝干部分将其剪除。在健壮茎叶的上方位置大胆剪除，之后不久就会长出新芽，所以不用害怕会失败。

◀马拉巴栗

2. 剪除的枝干可用来扦插繁殖

将修剪下来的枝干在2~3节处剪成一段当作扦插用的插条。另外，形状良好的新芽也可以当作插穗。

3. 修剪成自己喜好的高度

如果修剪之后，植株高度还是过高的话，可以再次剪成自己喜好的高度。植株会从修剪的地方重新长出新芽。

4. 用新土来进行扦插作业

将枝干扦插于排水通畅的用土（小粒的赤玉土或是蛭石）中。到长出根系之前，盆底都要装满水，以便植株可以从盆底吸收水分。

Q 茎蔓慢慢伸展，且越来越长！

A 要均衡剪除，使其清爽生长

斑叶薜荔

1 剪除枝蔓多余的部分

茎蔓会渐渐伸长并且下垂，当下方叶子开始掉落时，看起来会有些空洞。伸得过长的藤蔓，可在不造成凌乱的前提下予以剪除。

2 均衡剪除多余枝蔓

像理发师一样，仔细均衡地修剪向下伸长的茎蔓。将剪下来的茎蔓每2～3节处剪成一段当作插穗，不论是哪种绿色植物，都能够扦插繁殖。

3 剪下来的枝蔓可用来扦插繁殖

这是修剪完成的薜荔与修除下来枝蔓的分量比较图。扦插枝穗要用潮湿水苔包住切口，就能立刻扦插繁殖。到发出新芽前，都要放在有半阴暗的地方，开始发根后，就可以移往阳光充足之处。

Q 叶子渐渐变成茶色，开始枯萎！

A 去除受到损伤的叶子与根系，并且进行移植作业

▲银脉凤尾蕨

1 从叶柄部分剪除枯萎的叶子

如果受损的茎叶有3～4茎，就要从叶柄部位一次剪除：如果植株全体都损失严重，就必须从土面处将其去除。注意不要将枯叶掉落在盆土上，而应全部丢弃。

2 舍弃原先的旧土，并使用新盆土

当地上部分垂有茎叶时，就要将植株从盆钵中一次取出，并去除1/3～1/2的旧土，加入新土并且移植。因为移植会损伤根系，所以要在移植经过2～3周后才进行追肥作业。

3 去除受到损伤的根系

去除已经腐坏或是损伤的根系。如果用从未使用过的土壤种植，就要将原先的旧土全部去除，并将根系清洗干净之后再予以定植。如果先行分株的话，就要栽植到较小的盆钵当中。

4 到植物恢复生气前，都要放在半阴暗的地方

移植换盆后的植物到恢复植株活力前，都要放置于半阴暗遮蔽处且通风良好的地方。

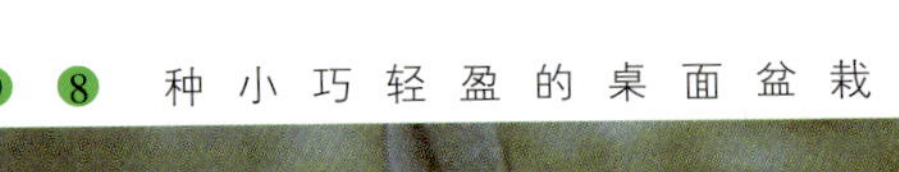

Part 3

推荐给读者的98种小巧绿意植物

植物名称是将经常使用的名字分为观叶植物与多肉植物两大部分。

有关移植、繁殖方法、过冬等行事历与温度部分，均以关东・关西的温暖地区作为基准。例如，琉球与北海道能提供给植物的置放环境与自然状态差距相当大，所以请将此章节记载的内容均作为一个参考标准，必须详细考虑地域的差别后再加以利用。

过冬温度指的是植物能耐受极限的最低温度，因此植物必须置放在过冬温度以上的场所才行。

98种推荐小巧绿意植物的用法

植物名称：黄边百合竹

科名：龙舌兰科

原产地：热带非洲

移植：5~9月

繁殖：扦插法（5~9月）

过冬：8℃~半日阴

解说：盆钵为茶杯大小，直径7×高度6公分。黄边百合竹生长时，其茎会左右摇摆，看来仿佛轻轻哼唱一般，因此有“Song of India”之称。

植物名称

一般园艺店所采用的植物名称，分为观叶植物与多肉植物两大类，并以五十音的发音规则依序排列。如果找不到想要查询的植物名称时，可参考书末的索引内容。

科名

是指将许多植物予以分类，集合同种而且大致分类后称之为“科”。不过，虽然是同种，但也不是原产地与培育方法等情况都完全相同，所以读者们务必注意这一点。

原产地

了解你所购入的植物，其原产地极其重要。因为在培养种植与照护上要尽量将光线、温度等生长条件接近原产地，这样植株才会长得漂亮健康。

移植

大多数植物的生长期都是在5~9月，这时也恰好是植物移植的时期。若不是在这段期间进行移植，植物容易出现生长不良的现象。

繁殖法

植物的繁殖方法有分株法、扦插法、实生法（从种子开始培育生长）、压枝法等等。繁殖法会因为植物种类的不同而有所差异，所以要根据植物的个别条件来选择实施。（请参考第80页）

过冬

植物能够观赏、过冬的“最低温度”。“阴暗处、半阴暗、直射光”指的是植物在寒冷冬天移入室内时，各自适宜的生长条件。另外，即使将植物在5~10月全都同

时移往户外，但植物还是会有各自喜好的生长条件。（请参考第77页）

解说

简单描述植物的特征、培育方法、置放场所、装饰方法等各方面重点。

给水

除了多肉植物以外，一般绿色植物的给水基本要领，均是全年于中午前“盆土表面因干燥变白时就浇水”。只是因为冬天气温偏低，植物的生长也会随之停止，所以当盆土变白时，要等2～3天后再给水。另外，对植物来说，最糟糕的事情就是太多水分。植株根系如果无法呼吸的话，就会引起根部腐烂。（请参考第78页）

肥料

给植物施肥的时期大约在植株开始活动的5～10月生长期。但植物若处于休眠期时，就不要施任何的肥料，因为此时施肥会造成植株枯死的状况。（请参考第81页）

officinalis

观叶植物

粗肋草

天南星科

原产地：热带亚洲

移植：5～9月

繁殖：实生法、扦插法、分株法（5～9月）

过冬：10℃～阴暗处

多叶、色彩鲜艳的迷你品种。喜好高温多湿的环境，不耐寒冷，可在光线微弱之处栽培的观叶植物。这个种类中有许多被当作水中植物种在植物水族缸。

毛叶铁线蕨

凤尾蕨科

原产地：热带美洲

移植：5～9月

繁殖：分株法（5～9月）

过冬：3℃～半阴暗

要多加注意此种植物不适应冬天的干燥与夏天的闷热。将其放入藤篮，用来装饰窗台与桌面都很漂亮。系上缎带的话还可当作礼物送人。最适合用来制作盘中庭园。

细叶铁线蕨

凤尾蕨科

原产地：美洲、亚洲的温带至热带

移植：4～10月
繁殖：分株法（4～9月）
过冬：5℃～直射光
小巧的绿叶会在微风中轻轻舞动，静静欣赏就可以感受到清凉氛围的细叶铁线蕨，纤细的叶子在小盆子里长得很茂盛。宜放置在明亮的阴凉处，并且要时常在叶子上喷上充足的水分。

狐尾武竹

百合科

原产地：南非

移植：4～9月
繁殖：扦插法（4～9月）
过冬：3℃～直射光
与蔬菜的芦笋同种，但不能食用的品种。控制水分的供给，并放在日照良好的地方，就能使叶色变美。此种植物颇为耐寒，在东京以南置于户外环境的话也能够安然过冬。

观叶植物

姑婆芋

天南星科

原产地：热带亚洲、热带美洲

移植：5～10月

繁殖：分株法、扦插法（5～10月）

过冬：8℃～半阴暗雾水

姑婆芋是颇耐寒冷的品种，若将其置放于白色空间摆饰，根茎部位更是醒目且吸引人。与拥有金属般叶片而深受欢迎的黑叶观音莲及大叶观音莲相同，都是属于不耐寒冷的品种。

栗豆树、绿元宝

豆科（蝶形花科）

原产地：澳洲

移植：4～5月

繁殖：实生法（4～5月）

过冬：5℃～直射光

4～10月这段期间置于户外日照良好处培育。若移到室内当作装饰，在白天的时候仍需拿到户外。冬天，则应放在窗边或是日照充足的地方培植。图中的盆钵为直径14×高度4.5公分。

紫背天葵

菊科

原产地：爪哇

移植：4～5月
繁殖：扦插法（4～5月）
过冬：5℃～直射光

如果光线不足的话，叶片就无法变成漂亮的红紫色。这种植物所开的橘红色花朵会散发出恶臭的气味，所以要将其切除。可利用于盘中庭园或是合植盆栽等类盆栽，以增加色彩的变化。

火轮凤梨

凤梨科

原产地：热带美洲

移植：5～8月
繁殖：分株法（5～8月）
过冬：5℃～半阴暗

如果日照太强，容易导致叶片焦黄，所以应放在户外半阴暗处，或是室内窗边等明亮的地方即可。美丽的红色苞叶会呈星状，可长时间观赏。所开的花朵为白色。

观叶植物

小凤梨

凤梨科

原产地：巴西

移植：4～10月
繁殖：分株法（4～10月）
过冬：5℃～直射光

此种植物非常喜爱阳光，所以5～10月的生长期，若是能够有充分的日照，就可以培育长成非常强健的植株。硬质的叶片背面有白粉，且白色花朵还带有香气。

虎纹小凤梨

凤梨科

原产地：巴西

移植：4～10月
繁殖：分株法（4～10月）
过冬：5℃～直射光

顾名思义，叶片带有老虎斑纹，市面上可见大量小型品种。放在明亮的地方，就可以欣赏这种植物原本的色彩。花朵凋谢后会从植株基部长出新株，再慢慢地增加株数。

三色姬凤梨

凤梨科

原产地：巴西

移植：4～10月
繁殖：分株法（4～10月）
过冬：5℃～直射光
使用直径11×高度7公分的盆钵。若能置于日光照射充裕而且稍微干燥的地方，其色彩就会更加鲜亮抢眼。这种植物虽然喜爱阳光，但也非常耐寒，甚至可达0℃，放在半阴暗的地方也能良好培育。

绒叶小凤梨

凤梨科

原产地：巴西

移植：4～10月
繁殖：分株法（4～10月）
过冬：5℃～直射光
株高和叶长10公分左右的小型品种。叶质肉厚坚硬，有两条绿色的纵纹为其特征。虽然会长出许多新株，但很容易脱落。

观叶植物

变叶木

大戟科

原产地：马来半岛、太平洋群岛

移植：5～8月

繁殖：扦插法、压枝法（5～8月）

过冬：10℃～直射光

与其只种一棵，不如将数棵变叶木植入中型盆钵，这样叶色会更显得鲜艳亮眼。全年期间都应尽量让植株接受日光照射。

咖啡树

茜草科

原产地：非洲

移植：5～8月

繁殖：实生法、扦插法（5～8月）

过冬：7℃～直射光

香气浓厚，用来当作饮料的咖啡树。如果从实生的迷你观叶时期开始培育，初夏开白色花朵，秋天就会结果。喜好充分日照。但小苗迷你观叶植株的耐阴性也很好。

朱蕉

龙舌兰科

原产地：印度、澳洲

移植：5～9月
繁殖：扦插法、压枝法、留根法（5～9月）
过冬：8℃～直射光
与千年蕉相近的品种，非常耐寒且强壮。把大、中、小的朱蕉组合摆饰的话，红色的叶子与浓淡相间的绿叶会更显得错落有致。

美叶凤尾蕉

苏铁科

原产地：墨西哥、北美南部

移植：5～9月
繁殖：实生法（5～9月）
过冬：3℃～直射光
可尝试种植在直径6.5×高度4.5公分的茶碗当中，虽然能耐寒冷，但生长速度缓慢，通常被当成豆盆栽来种植。

观叶植物

石笔虎尾兰

龙舌兰科

原产地：非洲

移植：5～7月
繁殖：扦插法（5～7月）
过冬：10℃～直射光

叶子形状别致、仿佛绿色长棒的植物。虽然喜好日照，但还是可在半阴暗处生长。若置于明亮阴凉处，就无需再浇水。5～10月可放在户外栽种生长，冬天就必须在室内10℃以上的地方过冬培育。

鹅掌藤

五加科

原产地：热带～亚热带

移植：5～9月
繁殖：扦插法、压枝法（5～8月）
过冬：3℃～半阴暗

能耐冬天寒冷、干燥与半阴暗的光线状况，很容易照顾。如果有自然的植株型态，不管放在什么空间都很适合。切下树枝前端，就可以轻松实施扦插繁殖。

斑叶鹅掌藤

五加科

原产地：热带～亚热带

移植：5～9月

繁殖：扦插法、压枝法（5～8月）

过冬：3℃～半阴暗

鹅掌藤的斑叶品种。这种植物的魅力在于其大型斑叶。图中这盆斑叶鹅掌藤种在直径10×高度8公分的素烧盆钵当中。培育时，要放在日照良好的地方且不要过度给水。

斑色变叶鹅掌藤

五加科

原产地：热带～亚热带

移植：5～9月

繁殖：扦插法、压枝法（5～8月）

过冬：3℃～半阴暗

斑叶鹅掌藤的变叶品种，栽植于直径10×高度9公分的盆钵当中。当下方叶子掉落时，茎秆也会延伸生长，所以要架直支柱以便茎秆能够笔直生长。

观叶植物

爬墙虎

葡萄科

原产地：热带～亚热带

移植：5～9月

繁殖：扦插法（5～9月）

过冬：5℃～半阴暗

爬墙虎的相近品种因为广布于世界各地，故形状与叶色方面有极大的差异。可种在吊盆里让叶子下垂，或是用吊篮及蛇木等培育种植。图中盆钵的大小为直径9×高度9公分。

兔脚蕨

骨碎补料

原产地：日本、朝鲜、中国

移植：4～6月

繁殖：扦插法（4～6月）

过冬：5℃～半阴暗

兔脚蕨是想清凉度夏时，会派上用场的植物，所以非常受人们的欢迎。当夏天结束、时序进入秋天后，兔脚蕨的叶子就会变成黄色，并开始落叶而只剩下根茎。图中的盆钵直径约为9公分。

轮伞莎草

莎草科

原产地：热带至亚热带

移植：5～9月
繁殖：分株法（5～9月）
过冬：5℃～直射光
群生于水边的植物，所以常与其他水生植物一起组合栽植装饰。即使只有单一种类，放在有水的空间里也是非常适合。东京以南可置于户外过冬。

日本斑叶鸢尾

鸢尾科

原产地：日本、中国

移植：6月、10月
繁殖：分株法（6月、10月）
过冬：5℃～半阴暗
日本名称为蝴蝶花。自古以来一直被当作庭园的地被植物或花圃、切花使用，植株强健且容易栽植，为宿根鸢尾的斑叶品种。小型的鸢尾会开出楚楚可怜的花朵，很受欢迎。

观叶植物

血叶兰

兰科

原产地：香港至马来群岛

移植：4～5月
繁殖：分株法（4～9月）
过冬：8℃～半阴暗

带有光泽的黑色叶子上有红色直线，更彰显其独特的魅力风情。这种植物会在2～3月间，从长约10公分的茎上开出许许多多的白色花朵。图中为长10×宽6×高度6公分大小的盆钵。

合果芋

天南星科

原产地：热带美洲

移植：5～8月
繁殖：扦插法（5～8月）
过冬：8℃～直射光

如果想要让盆钵整体看起来绿意盎然，可采用蛇木栽植来培育。在藤蔓尚未下垂延伸之前，修整剪断就会长出新叶。喜好高温多湿的环境，不耐寒冷，所以冬天要尽早移入室内培植。

白蝶合果芋

天南星科

原产地：墨西哥至巴拿马

移植：5～8月
繁殖：扦插法（5～8月）
过冬：8℃～直射光
图中使用的是安土桃山时代的盆器，而且是沿着叶脉带有白色斑纹的品种。因为是半蔓性的植物，所以会缠绕生长并盘往树上。如果想让盆钵上看起来枝繁叶茂，可使用蛇木来栽植。

山菜豆

紫葳科

原产地：中国南部

移植：5～9月
繁殖：扦插法（5～9月）
过冬：3℃～直射光
虽然喜好阳光的照射，也很耐日阴处的环境，是极易栽培的植物。图中小钵直径4×高度3公分，约为可放在手心，一手掌握的大小。可以放在装饰架上或小巧空间中来摆设装饰。

观叶植物

天堂鸟

旅人蕉科

原产地：非洲南部

移植：5～8月
繁殖：分株法（5～8月）
过冬：3℃～半阴暗

与大型的大鹤望兰相似的品种，从实生繁殖开始，由小钵栽植到大钵培育，各种植株都看起来姿态均衡美妙。图中盆钵大小为长13×宽13×高度8公分。

白鹤芋

天南星科

原产地：热带美洲

移植：5～8月
繁殖：分株法（5～8月）
过冬：5℃～直射光

白鹤芋可说是开发的观叶植物代表，也是非常易于接受的植物品种。除了矮性品种之外，市面上还有各式各样的白鹤芋品种。因为不喜阳光直射的环境，所以要置于明亮的地方栽植培育。

吊竹草

鸭趾草科

原产地：墨西哥

移植：5～8月
繁殖：插芽法（5～8月）
过冬：5℃～直射光

从节处会长出根系并向四方扩展，所以可种在吊盆中装饰。若经常接受阳光照射并保持干燥，更能突显出这种植物特有的美感。园艺品种的艳锦竹芋还带有白色条纹。

大叶鹅掌藤

五加科

原产地：热带亚洲

移植：5～9月
繁殖：扦插法（5～9月）
过冬：5℃～半阴暗

非常适应日阴的常绿灌木，一般都被当作大型的室内观叶植物使用，如果放入小型盆钵中种植的话，也可以称为小型植株，其树干曲线尽露的姿态显得别有风情。

观叶植物

日本瓦松

景天科

原产地：日本关东以西

移植：5～9月

繁殖：分株法（5～9月）

过冬：0℃～直射光

此种植物过冬时会使叶子呈莲丛状，但很难在室内养殖，所以必须于户外栽培。因其极耐干燥，所以可说是屋顶绿化的好帮手。图中盆器为火山熔岩，大小约长18×宽14×高度7.5公分。

袖珍椰子

棕榈科

原产地：热带至亚热带至温带

移植：5～9月

繁殖：实生法（5～9月）

过冬：5℃～半阴暗

颇耐寒冷且易培育栽植的植物，市面上贩售的多为小小的实生苗株。因为植株还很小的时候就能显现出椰子的姿态，所以可根据自己喜欢的大小享受栽植的乐趣。图中盆钵大小约长10×宽14×高度5公分。

酒瓶兰

龙舌兰科

原产地：墨西哥

移植：5～8月
繁殖：实生法（5～8月）
过冬：5℃～直射光
像酒瓶一样的植株基部是其最为典型的植株特征，所以要选用不会遮住茎杆处的盆钵或容器。5～10月要接受户外阳光照射；11月～次年4月则需置于室内有充足阳光的地方栽植培育。

星点木

龙舌兰科

原产地：几内亚北部

移植：5～8月
繁殖：分株法（5～8月）
过冬：10℃～半阴暗
种植在直径9×高度7公分的盆钵当中。这种植物的浓绿色叶片带有光泽及白色斑纹，和其他相关品种的不同之处是，星点木的植株在长出细茎后就会分株。

观叶植物

彩纹竹蕉

龙舌兰科

原产地：马达加斯加、毛里求斯

移植：5～8月
繁殖：扦插法（5～8月）
过冬：8℃

图中容器为弥生式土器，这种植物的纤细叶子与枝干的曲线相映成趣。茎杆之间的间隔非常狭窄，可试着用筷子加宽间隔，使植株呈现安然沉稳的树形。夏季期间要置放于树影之间培育栽植。

镶边竹蕉

龙舌兰科

原产地：热带非洲

移植：5～8月
繁殖：扦插法（5～8月）
过冬：8℃～半阴暗

植株如果长大，会成为高度约2公尺的大型植物。当叶子尚为新生时，其叶缘会有黄白色的斑纹。图中有直线条纹的盆钵大小为直径9.5×高度8.5公分。

黄竹蕉

龙舌兰科

原产地：热带非洲

移植：5～8月

繁殖：扦插法（5～8月）

过冬：8℃～半阴暗

图中盆钵为喝茶用茶碗，大小约为直径7×高度6公分。生长的时候，茎杆会左右偏摇而长大，看起来像鼻子轻轻哼唱一般，所以被命名为"song of India"。

肾蕨

骨碎补科

原产地：热带至亚热带

移植：5～9月

繁殖：分株法（5～9月）

过冬：5℃～半阴暗

这种常绿多年生的肾蕨被认为是突然的变异蕨类品种，叶子前端分裂为二，形成一种特别的株态。放在半阴暗的阴凉处时，要注意不要让枝叶徒长。图中分钵的大小为直径12×高度10公分。

观叶植物

少年特地肾蕨

骨碎补科

原产地：热带至亚热带

移植：5～9月
繁殖：分株法（5～9月）
过冬：5℃～半阴暗

肾蕨类植物当中有肾蕨、叶色较淡的波士顿肾蕨与盆植型的少年特地肾蕨等品种。若选用和式的盆钵来栽植少年特地肾蕨的新株，即非常适合洋式风格的房间。

银纹沿阶草

百合科

原产地：喜马拉雅至亚洲东部

移植：3～4月、10～11月
繁殖：分株法（3～4月、10～11月）
过冬：0℃～半阴暗

自古以来就被当作是庭园地被植物，属常绿多年生植物。从夏天到初秋会开白色或淡紫色的花朵。图中小钵的大小为直径10×高度11公分。

马拉巴栗

木棉科

原产地：热带美洲

移植：5～9月
繁殖：扦插法（5～8月）
过冬：8℃～半阴暗

用实生法种出的小苗，其植株特征在于基部如同肥大的酒瓶形态。若将实生株大小的植株个别种在相同设计的盆钵内装饰，就会奏出韵律感十足的乐章。

拖鞋兰

兰科

原产地：中国南部、喜马拉雅至新几内亚

移植：4月中～下旬
繁殖：分株法（4月中～下旬）
过冬：7℃～走廊下

如同食虫植物一般，其花朵中央长为袋状，独具魅力。是令人不可思议的植物。不喜欢强烈的阳光，所以开花时必须放在纸门或是蕾丝窗帘旁阳光可直射的地方装饰摆设。

观叶植物

冷水花

荨麻科

原产地：热带至温带

移植：5～9月

繁殖：扦插法、分株法（5～9月）

过冬：5℃～半阴暗

叶片上有银白色斑纹的冷水花极耐寒冷与干燥，但皱叶冷水花则是不耐寒冷的品种。种在有深度的盆钵内，并加上吊兰和流水装饰的话，更能烘托出盎然的春意。

蓝叶冷水花

荨麻科

原产地：热带至温带

移植：5～9月

繁殖：扦插法、分株法（5～9月）

过冬：5℃～半阴暗

此为具小型叶且密集生长的植物，常被当作绿色合植盆栽与时令草花植物合植盆栽的地被植物。图中分钵的大小为直径10×高度7公分。

毛蛤蟆草

荨麻科

原产地：热带至温带

移植：5～9月
繁殖：扦插法、分株法（5～9月）
过冬：5℃～半阴暗

其典型特征是明亮纤细的绿叶。因茎枝会延伸生长，大量的叶子会将盆钵覆盖住。这种植物较能适应阳光较弱的阴凉培植场所，但置于日光直射处的话，植株比较不会凌乱庞杂。

蛤蟆草

荨麻科

原产地：热带至温带

移植：5～9月
繁殖：扦插法、分株法（5～9月）
过冬：5℃～半阴暗

蛤蟆草开有绿底茶纹的叶子，且皱绸状的叶面还可看到细小凹凸。因其不耐寒冷，所以在冬季到来之前就要尽早移入室内。图中白钵的大小为直径11×高度8公分。

观叶植物

菲岛槟榔

棕榈科

原产地：中国南部

移植：5～9月

繁殖：实生法（5～9月）

过冬：0℃～半阴暗

植株生长后叶片会变大且宽，若造成干扰时就要放在座台上加高装饰。如果叶子生长繁密庞杂，可以使用大型盆钵来栽植。图中盆钵的大小为直径10×高度11公分。

中斑吊兰

百合科

原产地：非洲南部

移植：5～9月

繁殖：分株法（5～9月）

过冬：5℃～半阴暗

比较耐低温且可以于明亮阴凉处或半阴凉处栽植的常绿多年生植物。可种在吊篮或置放于台子上增加高度来装饰的话，下垂的枝叶令人有纸鹤一般的感觉。此种植物常被用来与草花植物一同合植。

薜荔

桑科

原产地：东南亚至琉球

移植：5～9月
繁殖：扦插法、压枝法（5～6月）
过冬：0℃～半阴暗

薜荔为印度橡胶树的同种植物，不耐干燥与枯水。可种在吊盆和有高度的盆钵里欣赏，不过这种植物常被用来当作绿化园地面与围墙的植物。

斑叶垂榕

桑科

原产地：东南亚至琉球

移植：5～9月
繁殖：扦插法、压枝法（5～6月）
过冬：0℃～半阴暗

此种植物为垂榕的变枝斑叶品种。可置于明亮的室内，是能耐干燥与低温的植物。图中白色洒水壶的大小为直径6×高度8公分。

观叶植物

榕树

桑科

原产地：热带亚洲、新几内亚

移植：5~9月
繁殖：扦插法、压枝法（5~6月）
过冬：0℃~半阴暗
因为实生株的根株基部粗大，将其移植到盆栽用钵，于钵土上贴合藓苔的话，就完成了一盆豆盆栽。若用来装饰西洋风格的居间，还可营造出典雅的东方情调。生长期必须置于户外接受阳光照射。

白网纹草

爵床科

原产地：南美的安地斯地区

移植：6~7月
繁殖：扦插法（6~7月）
过冬：8℃~直射光
因为叶片小巧、条纹细致，白网纹草的茎呈放射状向外延伸，所以多被培植为很可爱的迷你盆栽或是小型盆栽。图中盆钵的大小为长12×宽12×高度5公分。

红网纹草

爵床科

原产地：南美的安地斯地区

移植：6～7月
繁殖：扦插法（6～7月）
过冬：8℃～直射光

可适应日光不直射的阴凉场所。叶面上有十分醒目清晰的网纹图案。是叶脉非常美丽的绿色植物。另外还有各种白色叶脉的白网纹草。

立叶蔓绿绒

天南星科

原产地：巴西东南部

移植：5～8月
繁殖：扦插法（5～8月）
过冬：5℃～半阴暗

为半蔓性且极耐干旱的植物，因生长速度非常缓慢，所以不会出现植株过大的情况。如果是蔓性的品种，枝叶延伸过长时，只要将其剪除，侧芽就会立即再次伸展出来。

观叶植物

库卡布拉蔓绿绒

天南星科

原产地：热带美洲

移植：5～8月

繁殖：扦插法（5～8月）

过冬：5℃～半阴暗

和羽裂蔓绿绒相似，但是更加小型的蔓绿绒品种。直立的植株长有浓绿色的叶子。叶缘有很大的裂痕。非常喜好阳光，所以必须让日光直接照射。图中钵壶的大小为直径14×高度14公分。

羽裂蔓绿绒

天南星科

原产地：热带美洲

移植：5～8月

繁殖：扦插法（5～8月）

过冬：5℃～半阴暗

从夏末开始到秋天的这段期间，会持续开出宜人香味的美丽白色花朵。若是栽植为吊盆，并放在明亮窗边当作摆饰，也很不错。图中素烧盆钵的大小为直径10×高度11公分。

柠檬莱姆蔓绿绒

天南星科

原产地：热带美洲

移植：5～8月
繁殖：扦插法（5～8月）
过冬：10℃～半阴暗

新生叶片呈莱姆色的美丽园艺品种。初期虽然是直立形态，但此种台绿绒会渐渐延伸为蔓状。图中素烧钵的大小为直径10×9公分。

凤尾蕨

凤尾蕨科

原产地：热带至温带

移植：5～9月
繁殖：分株法（5～9月）
过冬：3℃～半阴暗

常绿的多年生蕨类，植株为小型且叶色鲜艳亮绿的美丽品种很多，在日本约有15种是自生的种类。若加种在其他植物里，可使盆栽更显安定沉稳。图中素烧钵的大小为直径9.5×高度6.5公分。

观叶植物

白雪凤尾蕨

凤尾蕨科

原产地：热带至亚热带

移植：5～9月

繁殖：分株法（5～9月）

过冬：3℃～半阴暗

在明亮的绿叶中央带有白色斑纹，不论空间风格为和式或洋式，都是非常适合相称的植物种类。而且还能扮演衬托洋兰、非洲秋海棠等，类似花朵的角色。

鸡冠凤尾蕨

凤尾蕨科

原产地：热带至温带

移植：5～9月

繁殖：分株法（5～9月）

过冬：3℃～半阴暗

蕨类植物通常不太喜欢直射阳光，所以春天到秋天这段期间，要置于户外或室内明亮阴凉处培植。虽然喜欢高温多湿的环境，但还是极耐寒冷，只要避免霜害就可以平安过冬。

银脉凤尾蕨

凤尾蕨科

原产地。亚洲东部、马来半岛、澳洲

移植：5～9月
繁殖：分株法（5～9月）
过冬：3℃～半阴暗
植株基部可形成水平株态的银脉凤尾蕨，是非常美丽的蕨类植物。若和白雪凤尾蕨幼苗等植物一同合植为植物玻璃缸，就可以欣赏到自然的乐趣。图中盆钵的大小为直径10×高度6公分。

到手香

唇形科

原产地：热带至亚热带

移植：5～6月
繁殖：扦插法（5～9月）
过冬：8℃～直射光
从夏末至秋天的这段期间，会持续开出香味宜人的美丽白色花朵。若是栽植为吊盆，并放在明亮窗边当作摆饰，这也很不错。图中素烧盆钵的大小为直径10×高度11公分。

观叶植物

虎斑海棠

秋海棠科

原产地：热带

移植：5～9月

繁殖：扦插法、分株法（5～9月）

过冬：10℃～半阴暗

在海棠类的植物中分为赏花和赏叶两个品种，市面上常见的观叶园艺品种为蛤蟆海棠。应置放于可遮雨且通风良好的地方培育栽植。

婴儿的泪珠·莱姆色

荨麻科

原产地：热带至亚热带

移植：5～9月

繁殖：扦插法（5～9月）

过冬：3℃～半阴暗

图中盆钵的大小为直径9×高度5公分。如同"婴儿的泪珠"的植物名一样，这种纤细的叶片因为较为小型，所以常被用来作为合植盆栽的底层植物、放在室内培植的时候。要注意不可给水过多。

圣诞红

大戟科

原产地：墨西哥

移植：4月
繁殖：扦插法（7月）
过冬：10℃～直射光
若想于圣诞时节看到鲜亮叶色，就要在8月下旬到10上旬这段期间，每天傍晚6点到第二天8点都用纸箱盖住植株，进行短日照处理。图中白磁盆钵的大小为长13×宽9×高度11公分。

黄金葛

天南星科

原产地：所罗门群岛

移植：5～8月
繁殖：扦插法（5～8月）
过冬：8℃～半阴暗
除具耐阴性质外，也极耐干燥。如果置放于架子之类的高处装饰，就能营造出新鲜清新的气氛。也可以将它种在水中来制作水生植物。给水的工作也变得很容易。

观叶植物

白金葛

天南星科

原产地：所罗门群岛

移植：5～8月
繁殖：扦插法（5～8月）
过冬：8℃～半阴暗

此类植物拥有许多不同斑纹或叶色的品种。耐暑气与寒冷比一般的黄金葛差一点。春天到秋天期间，要尽量放置在户外明亮且阴凉的场所。若是光线不足，叶子上面的斑纹就会消失。

球兰

罗魔科

原产地：九州至热带亚洲、澳洲、太平洋群岛

移植：5～8月
繁殖：扦插法（5～月）
过冬：5℃～直射光

有斑纹的球兰。耐寒。耐干燥，夏天易出现叶烧现象，所以应置于半阴暗的地方。将其栽种为吊盆放在外凸窗台或窗边，就会伸展支蔓，而且每年都会在相同的地方开花。

圆叶福禄桐

五加科

原产地：加拿大

移植：4～5月

繁殖：扦插法（4～5月）

过冬：10℃～直射光

热带地区的品种，在地上会高达8公尺，植入盆中也会长成约2公尺的大型盆栽。冬天若能置于阳光直射下、并保持在20℃以上的温度，栽培管理就会很简单。使用扦插法即可轻松繁殖。

双色葛郁金

竹芋科

原产地：热带美洲

移植：5～7月

繁殖：分株法（5～7月）

过冬：10℃～直射光

喜好高温多湿的生长环境，但因不耐强烈光线，所以不要放在日光直射的室内环境培植。在日本，这种植物冬天就会进入休眠。叶片的花纹非常美丽且吸引力十足，只要几片叶子就能够赏心悦目。

观叶植物

挖耳草

狸藻科

原产地：亚洲

移植：4～5月
繁殖：实生法（4～5月）
过冬：10℃～直射光
以捕捉浮游生物等水中生物为食的食虫植物，会开2厘米左右花朵的小型品种，这里作成苔球盆栽。另外，要在盆子里加水让植株吸水。图中盆器大小为直径8.5×高度3公分。

龟背芋

天南星科

原产地：热带美洲

移植：5～8月
繁殖：扦插法（4～5月）
过冬：8℃～半阴暗
大型叶为此种植物的魅力所在，只要购买不会变大的品种，就可以享受赏玩小型叶片的乐趣。市面上亦贩售叶片带有斑纹的品种，用来装饰家中未利用的空间也是很不错的。

宝合草

唇形科

原产地：地中海沿岸

移植：4～6月

繁殖：扦插法（5～7月）

过冬：0℃～直射光

能适应半阴暗的环境，会开白色与粉红色的花朵。使用扦插法就能良好发根，所以在合植盆栽与植物玻璃缸等情况下，只要直接扦插就可以了。图中盆钵大小为直径12×高度9公分。

观音座莲

观音座莲科

原产地：热带至亚热带

移植：5～9月

繁殖：叶插法（5～9月）

过冬：5℃～直射光

观音座莲为大型常绿的蕨类植物，但仍可在其幼株时期当作小巧盆栽来享受栽植乐趣。日本东海以西的温暖地区虽可放在户外栽植，不过到了关东以北就必须置于室内培育了。

多肉植物

黑法师

景天科

原产地：加那利群岛、马德拉群岛、非洲北部、地中海沿岸

移植：4～5月
繁殖 实生法、扦插法（4～5月）
过冬：3℃～直射光
以茶罐作为盆钵。植株若继续长大，会成为高度约一公尺、茎秆笔直且长出些许细枝的多肉植物。极耐干燥，原色虽为明亮鲜艳的绿色。此外，也要注意贝壳虫的虫害问题。

白雪莲坐草

景天科

原产地：墨西哥、中南美洲

移植：5～9月
繁殖：叶插法、扦插法（5～9月）
过冬：3℃～直射光
极耐寒冷而且盛夏与严冬都处于休眠期，属于冬天生育型。种植时要保持空气流通且日照充足，注意水分与肥料的供给。在仿若蔷薇花般的叶片间会持续长出新株。

白牡丹

景天科

原产地：墨西哥、中南美洲

移植：5～9月

繁殖：扦插法（5～9月）

过冬：3℃～直射光

冬季生育型。其白色的小型厚肉叶片会像牡丹或蔷薇花瓣一样密集开展，看起来非常娇艳动人，非常美丽。种植时要保持空气流通且日照充足，并控制水分与肥料的供给。

特叶玉蝶

景天科

原产地：墨西哥、中南美洲

移植：5～9月

繁殖：叶插法、扦插法（5～9月）

过冬：3℃～直射光

相当耐寒，而且盛夏与严冬都处于休眠期，属于冬季生育型。图中盆钵大小为直径9×高度9公分。外形好似珊瑚的银叶与叶尖的型态为其特征。

多肉植物

大和姬

景天科

原产地：墨西哥、中南美洲

移植：4～5月
繁殖：扦插法（4～5月）
过冬：5℃～半阴暗

极耐寒冷而且盛夏与严冬都处于休眠期，属于冬天生育型。其小型且厚肉的叶片会像牡丹或玫瑰的花瓣一样密集开展，看起来真是美丽动人。大和姬为石莲花属与兴风车草属交配品种。

月兔耳

景天科

原产地：马达加斯加

移植：5月
繁殖：叶插法、扦插法（5月）
过冬：3℃～半阴暗

不耐寒冷的夏季生育型。叶子如兔耳形状，叶缘为深茶色，木质化的茎大约70公分左右。冬天开的花非常美丽，但要放在不会结冻的室内环境培育整理。

白银之舞

景天科

原产地：马达加斯加

移植：5月
繁殖：叶插法、扦插法（5月）
过冬：3℃～半阴暗
株高约20公分左右的美丽银叶品种。柔和雅致的粉红花朵非常漂亮，是很受欢迎的盆花种类。图中盆钵的大小为直径8×高度6公分。

神刀

景天科

原产地：非洲南部

移植：4～5月
繁殖：叶插法、扦插法（4～5月）
过冬：5℃～半阴暗
不耐寒冷、只在夏天生长，属于夏季生育型。宛若刀状的叶片为其特征，因形态与排列方式与螺旋桨相似，所以其英文名字被称为“螺旋桨植物——*propeller plants*”。

多肉植物

青锁龙

景天科

原产地：非洲南部

移植：4～5月
繁殖：叶插法、扦插法（4～5月）
过冬：5℃～半阴暗

串成锁链般的叶形，使空间更显动感十足。这种植物不耐雨水，修剪过后，就可以使盎然绿意的线条更加鲜明清晰。图中盆钵的大小为直径7×高度6公分。

胧月

景天科

原产地：墨西哥、北美亚利桑那

移植：4～5月
繁殖：叶插法、扦插法（5月）
过冬：3℃～半阴暗

属极耐寒冷的冬天生育型。其叶片好似大丽花花瓣一样舒展，为尖卵形的芥茉色厚肉叶，与银色叶子形成鲜明对比，非常漂亮醒目。星形的花朵会在15℃以下时开花。

姬胧月

景天科

原产地：墨西哥、北美亚利桑那

移植：4～5月
繁殖：叶插法、扦插法（5月）
过冬：3℃～直射光
姬胧月的独特青铜色叶片，是多肉植物在合植盆栽中，最能呈现鲜艳沉稳的贵重材料。图中盆钵的大小为直径8×高度4公分。

黄丽

景天科

原产地：墨西哥

移植：4～5月
繁殖：叶插法、扦插法（4～5月）
过冬：3℃～直射光
市面上贩售的多肉植物大多是墨西哥产，极耐寒冷。盛夏与严冬处于休眠期，属于冬天生育型。不喜欢多肥与多湿的生长环境。黄丽非常容易培育，叶子会像莲花一样向外开展。

多肉植物

铭月

景天科

原产地：墨西哥

移植：4～5月

繁殖：叶插法、扦插法（4～5月）

过冬：5℃～直射光

非常耐寒，盛夏与严冬处于休眠期，属于冬天生育型。佛甲草属（Sedum）有各式各样的品种，不论叶色、形态、质感都是千变万化。喜好阳光，讨厌多温、多湿的生长环境。

千代田之松

景天科

原产地：墨西哥

移植：4～5月

繁殖：叶插法、扦插法（4～5月）

过冬：3℃～直射光

喜欢干燥，也耐寒冷的冬天生育型。生长非常茁壮，所以要减少施肥。形状像蓝灰色小艇的细长厚肉叶片，其特征就在于大量地丛聚生长，用叶插法来繁殖也非常容易。

非洲霸王树

夹竹桃科

原产地：马达加斯加、非洲南部、西南非、安哥拉

移植：4～8月
繁殖：叶插法、扦插法（5～9月）
过冬：10℃～直射光
常绿且具落叶性的多肉植物，硬皮质的肥大根茎为其特征，内部为海绵状贮水缸，所以原产地的原生民都把此种植物的树液当作饮料饮用。图中盆钵的大小为直径10×高度11公分。

银叶椒草（淡绿）

胡椒科

原产地：巴西

移植：5～8月
繁殖：分株法、叶插法（5～8月）
过冬：7℃～半阴暗
一般都不被当作多肉植物，多被视为观叶植物而陈列于商店中。若照射到强烈阳光会导致叶烧现象发生，所以要放在离窗边稍远的地方。非常适合用来装饰小巧空间。

多肉植物

银叶椒草（浓绿）

胡椒科

原产地：巴西

移植：5～8月
繁殖：分株法、叶插法（5～8月）
过冬：7℃～半阴暗
若保持稍微干燥，就不用选择置放的场所。除了可种在小型盆钵中让叶片满溢、繁茂生长外，也能用中型盆钵以蛇木培植，或使用吊盆来欣赏也很不错。

红边椒草

胡椒科

原产地：西印度群岛、委内瑞拉

移植：5～8月
繁殖：分株法、叶插法（5～8月）
过冬：7℃～半阴暗
椒草类的植物有许多品种，一般多不被当作多肉植物。此种植物的特征在于长有多肉质且坚硬的叶子。图中小盆钵的大小为直径4×高度3公分。

西瓜皮椒草

胡椒科

原产地：巴西

移植：5～8月
繁殖：分株法、叶插法（5～8月）
过冬：7℃～半阴暗

株高约为15公分。因为带光泽的多肉质叶片上有银白色条纹，故被称为“瓜皮椒草”。在园艺市场也有人称为“西瓜”，一般被视为观叶植物。

雅乐之舞

马齿苋科

原产地：非洲南部

移植：4～5月
繁殖：扦插法（4～5月）
过冬：7℃～半阴暗

不耐寒冷的夏季生育型植物，阳光很强的时候会变为粉红色，生长速度也会变得缓慢。读者们可将其种成小盆栽来欣赏。

多肉植物

绿珊瑚

大戟科

原产地：非洲东部

移植：5～8月

繁殖：扦插法（5～8月）

过冬：5℃～直射光

因叶子呈细棒状而被称呼为“绿珊瑚”。非常喜欢直射阳光，至少春天到秋天这段期间要让植株接受阳光的直接照射。注意从切口泌出的乳汁具有毒性。

大叶麒麟花

大戟科

原产地：马达加斯加

移植：5～8月

繁殖：扦插法（5～8月）

过冬：5℃～半阴暗

因为极耐干燥，所以11～次年4月这段期间只要在叶子部分喷水即可。放在明亮的空间中有如栩栩如生的雕刻一样生动。挑选盆钵与铺垫时，若使用和式风格的民间工艺品，就更能营造出安稳适然的空间。

二画

三画

四画

五画

六画

七画

栽种心得  笔记 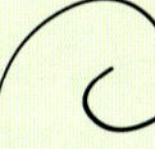

栽种心得笔记

栽种心得笔记

图书在版编目（CIP）数据

懒人98盆栽 /〔日〕井田洋介著；秦晓译.—西安：
陕西师范大学出版社，2007．6
ISBN 978-7-5613-4028-8
Ⅰ．懒… Ⅱ．①井…②秦… Ⅲ．盆栽-观赏园艺 Ⅳ．S68
中国版本图书馆CIP数据核字（2007）第073560号
著作权合同登记号：陕版出图字 25-2007-025号
图书代号：SK7N0483

著　者:〔日〕井田洋介
译　者:秦　晓

责任编辑:周　宏
特约编辑:蔡明菲
封面设计:熊　琼
版式设计:李　洁
出版发行:陕西师范大学出版社
（西安市陕西师大120信箱　邮编：710062）
印　刷:北京汇元统一印刷有限公司
开　本:889×1194　1/24
印　张:7
版　次:2007年7月第1版
印　次:2007年7月第1次印刷
ISBN 978-7-5613-4028-8
定　价:24.80元

98种小巧轻盈的桌面盆栽